CSSとJavaScriptで作る動くUIアイデアレシピ

Webクリエイターボックス
Mana

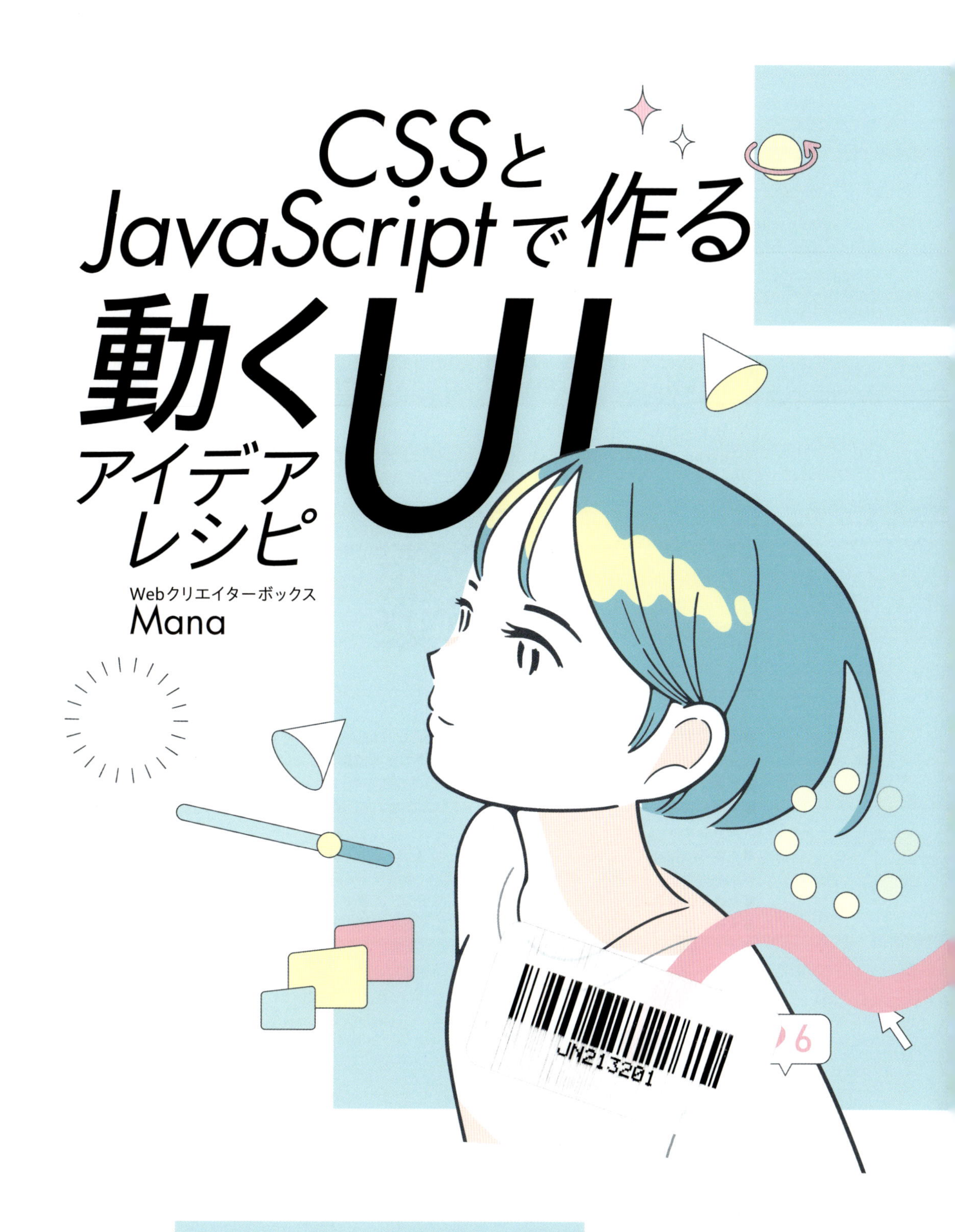

インプレス

本書について

本書で紹介している作例やコードを、本書のサポートページからダウンロードできます。サンプルファイルは「1123101113.zip」というファイル名で、ZIP形式で圧縮されています。展開してご利用ください。なお、カスタマイズ例のコードは収録されていません。
サポートページURL
https://book.impress.co.jp/books/1123101113

■本書掲載の画面などは、特別に表記がない場合は、Macでのキャプチャ画像となります。Windows版、Mac版でキーなどが異なる場合は、それぞれ記載をしています。
■本書に記載されている情報は、2025年3月時点のものです。
■本書に掲載されているサンプルプログラムやスクリプト、および実行結果を記した画面イメージなどは、上記環境にて再現された一例です。
■本書の内容に関して適用した結果生じたこと、また、適用できなかった結果について、著者および出版社ともに一切の責任を負えませんので、あらかじめご了承ください。
■本書に記載されているウェブサイトなどは、予告なく変更されていることがあります。
■本書に記載されている会社名、製品名、サービス名などは、一般に各社の商標または登録商標です。なお、本書では、®、©マークを省略しています。

はじめに

本書を手に取っていただき、ありがとうございます。この本では、CSSやJavaScriptを駆使して「動き」や「機能」を持ったWebサイトを実装するためのレシピを紹介しています。HTMLやCSSの基礎知識をお持ちであれば、初心者の方でも「簡単にアニメーションを作る楽しさ」を体感しながら学べる構成になっています。

まず「基本編」では、主にCSSを使ったアニメーションを作成する方法を解説します。CSSアニメーションは専用のプロパティーやキーフレームを用いることで、意外なほどシンプルに実装できます。「たったこれだけのコードで、こんなに動きを出せるんだ！」という達成感を味わいながら、CSSアニメーションの仕組みをしっかりと理解していただくことを目指しています。少しずつソースコードを書き足しながら、背景色を変えたり、要素を回転させたりするなど、視覚的にわかりやすい例を中心に取り上げていきます。ここで大事なのは、「まずはチャレンジして、簡単な動きを体験してみる」ことです。基礎的なCSSアニメーションの考え方をつかめば、後々の応用がぐっと楽になります。

次に「応用編」では、主にJavaScriptを使ってより動的で便利な動きを実現する方法を解説します。例えば、ユーザーのクリック位置やマウスの動きに反応してアニメーションを変化させたり、スクロールに合わせて要素がふわりと表示されるようにしたりするなど、より魅力的な演出をご紹介していきます。ここでぜひ意識してほしいのが、「CSSだけでも十分な場合」と「JavaScriptを活用する意義」の違いです。CSSアニメーションは簡潔なコードで美しい演出が可能ですが、ユーザーの操作や外部データとの連動など、より複雑な処理や動きを扱う場合はJavaScriptが大きな力を発揮します。同じアニメーションであっても、少しの工夫で表現力が飛躍的に向上するのを実感していただけるはずです。

本書のレシピは、まず基本的なサンプルを紹介し、そこに少しずつカスタマイズを加えながら進めていきます。これによって、学びを深めると同時に、「自分でコードをアレンジしてみよう」という意欲も湧いてくるでしょう。実際に制作にとりかかると、「ここをもっと変えたい」「あのサイトのような動きを再現したい」と思う場面がきっと出てきます。そのときに本書を参考にすれば、「どうカスタマイズすればいいか」のヒントが必ず見つかるはずです。

本書を読み進めるうちに、CSSやJavaScriptを使ったアニメーションの可能性とおもしろさを、きっと実感していただけるでしょう。難しく考えすぎず、「まずはやってみる」姿勢が大切です。一緒にアニメーションの世界を楽しみながら、あなたのWebサイトに新しい彩りを加えてみましょう。これから始まるレシピを通して、ぜひ「もっと作りたい」「もっと発展させたい」という気持ちを育てていただければ幸いです。

2025年3月

Mana

CONTENTS

CHAPTER 3 印象に残るボタン

CHAPTER 4 画像の魅力を引き出すテクニック

CHAPTER 5

全体の雰囲気を決める背景・画面遷移

CHAPTER 6

迷わないナビゲーションメニュー

CHAPTER 7 スムーズなスクロール

CHAPTER 8 制作効率を上げるライブラリー

本書の読み方

本書は、CSSとJavaScriptを学習する方に向けて、動くUIパーツ作成の基礎から応用までを体系的に解説します。

②CodePenの二次元コード＆URL・デモファイル
CodePenの二次元コードとURL、デモファイルの番号も記載しています。

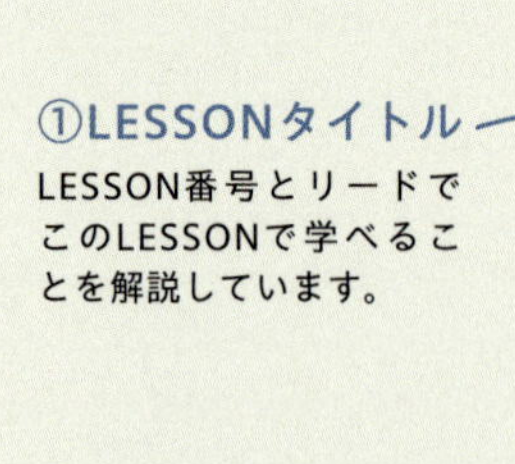

①LESSONタイトル
LESSON番号とリードでこのLESSONで学べることを解説しています。

③基本編
基本の実装方法を解説しています。

④完成画像
パーツの完成画像を掲載しています。

⑤コードの記述例
HTML・CSS・JavaScriptの記述例を掲載しています。

CHAPTER 3

LESSON 7

キラキラ光る

https://codepen.io/manabox/pen/zxOzwVz/

［デモファイル］
C3-07-demo

ボタンが光り輝くアニメーションを取り入れることで、視覚的な楽しさをアップでき、Webサイト全体のアクセントにもなります。シンプルなCSSアニメーションからJavaScript応用まで、初心者でも簡単に試せる方法を紹介します。

基本編：ボタンの上にサッと光を流す

CSSだけを使ってホバー時にボタン上をサッと光が流れるようなエフェクトを実装します。ユーザーがボタンをホバーすると、白い光がボタンを斜めに横切り、まるでキラーンと輝いているように見えます。ここで使っている::before擬似要素やlinear-gradient()（線形グラデーション）、skewX()（要素をX軸方向に傾けるCSSの変形機能）などは、視覚的な動きや変形を実現するための技術です。いずれもWebサイトの演出を手軽にレベルアップできます。

OUTPUT

キラーンと光るボタン　キラーンと光るボタン
キラーンと光るボタン　キラーンと光るボタン

記述例

HTML

```
<button class="btn-shine">キラーンと光るボタン</button>
```

CSS

```
.btn-shine {
  position: relative;
  padding: 1rem 1.5rem;
  border: 0;
  font-size: 1rem;
  cursor: pointer;
  border-radius: 8px;
```

026

手順を追いながら手を動かすことで、デザインの知識とコーディングスキルを同時に身につけ、より魅力的なWebサイトの制作を目指しましょう。豊富なサンプルコードと丁寧な解説で、初心者の方でも安心して学習を進められます。

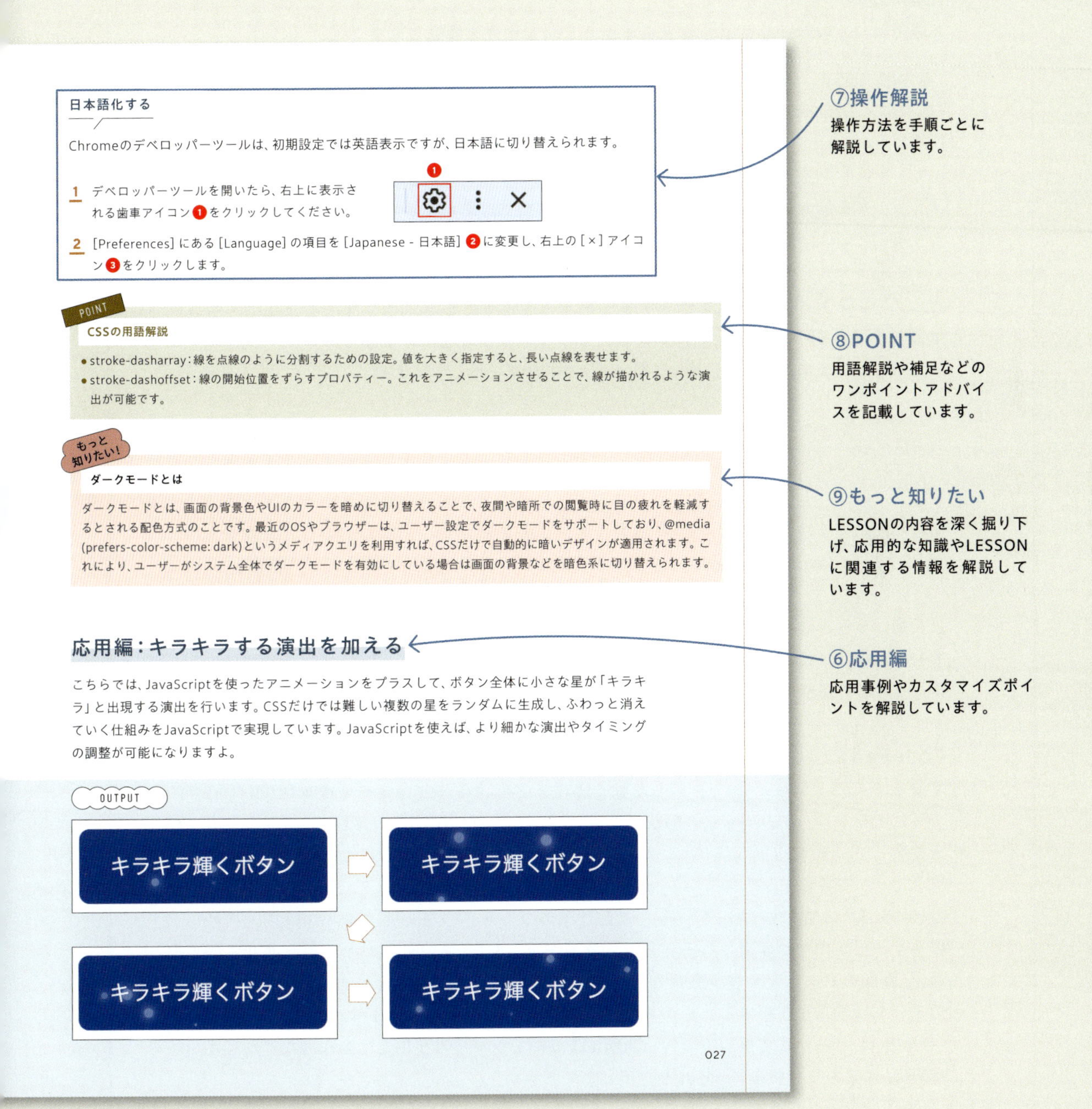

日本語化する

Chromeのデベロッパーツールは、初期設定では英語表示ですが、日本語に切り替えられます。

1 デベロッパーツールを開いたら、右上に表示される歯車アイコン❶をクリックしてください。

2 [Preferences] にある [Language] の項目を [Japanese - 日本語] ❷に変更し、右上の [×] アイコン❸をクリックします。

POINT

CSSの用語解説

- stroke-dasharray：線を点線のように分割するための設定。値を大きく指定すると、長い点線を表せます。
- stroke-dashoffset：線の開始位置をずらすプロパティー。これをアニメーションさせることで、線が描かれるような演出が可能です。

もっと知りたい！

ダークモードとは

ダークモードとは、画面の背景色やUIのカラーを暗めに切り替えることで、夜間や暗所での閲覧時に目の疲れを軽減するとされる配色方式のことです。最近のOSやブラウザーは、ユーザー設定でダークモードをサポートしており、@media (prefers-color-scheme: dark) というメディアクエリを利用すれば、CSSだけで自動的に暗いデザインが適用されます。これにより、ユーザーがシステム全体でダークモードを有効にしている場合は画面の背景などを暗色系に切り替えられます。

応用編：キラキラする演出を加える

こちらでは、JavaScriptを使ったアニメーションをプラスして、ボタン全体に小さな星が「キラキラ」と出現する演出を行います。CSSだけでは難しい複数の星をランダムに生成し、ふわっと消えていく仕組みをJavaScriptで実現しています。JavaScriptを使えば、より細かな演出やタイミングの調整が可能になりますよ。

OUTPUT

キラキラ輝くボタン

キラキラ輝くボタン

キラキラ輝くボタン

キラキラ輝くボタン

027

※実際の紙面とは異なります

本書の使い方

紙面の読み方

本書では、CSSとJavaScriptによるアニメーション作成を解説します。

・基本編：CSSアニメーションの基礎を、簡単な例を通して体験的に学習します。
・応用編：JavaScriptを用いた動的で複雑なアニメーションを、活用場面とともに学びます。CSSとJavaScriptの使い分けを理解し、表現力豊かなアニメーション作成を目指します。
・カスタマイズポイント：「〇〇をカスタマイズする」という見出しで、基本編・応用編のアレンジ例を紹介しています。カスタマイズは必須ではありませんが、自分なりにアレンジすることで、より実践的なスキルが身につきます。

サンプルファイルについて

本書で使用するサンプルファイルは、デモファイルという名前で紙面には「〇〇-demo」と記載しています。デモファイルには、以下の内容を収録しています。

・index.html
・script.jss
・style.css

本書が提供するサンプルファイル、およびサンプルファイルに含まれる素材は、本書を利用してCSSとJavaScriptの操作を学習する目的においてのみ使用することができます。

次に掲げる行為は禁止します。
素材の再配布／公序良俗に反するコンテンツにおける使用／違法、虚偽、中傷を含むコンテンツにおける使用／その他著作権を侵害する行為／商用・非商用においての二次利用

CodePenについて

本書では、CSSとJavaScriptで作成した動くUIパーツを、オンラインエディター「CodePen」で確認できます。各UIパーツの解説ページに、対応するCodePenのURLと二次元コードを掲載しています。パソコンやスマートフォンからアクセスし、すぐに動くUIパーツを見ることができます。
CodePenは、本書で解説しているものとは別のプラットフォームであり、将来的に仕様やサービス内容が変更される可能性があります。また、オンライン上で動作させる関係上、画像のパス指定や表示結果などが書籍内の記述と異なる場合があります。これらのデータは学習を支援するための補助的な教材として提供しています。そのため、もしCodePenのサービス変更や技術的な問題によりデモファイルが正常に動作しなくなった場合は、本書のサンプルファイルを活用してください。

CHAPTER
1

動きのデザイン

Webサイトにちょっとした動きがあるだけでも、
見た目や操作感の印象をガラリと変えてくれます。
このChapterでは動きの必要性や効果的な使い方を、実際のWebサイトを例に紹介します。
普段何気なく見ているWebサイトの「動き」に注目し、
一緒に魅力を探っていきましょう。

動きのあるWebサイト

動きのあるWebサイトは、さまざまなジャンルの業界で効果を発揮しています。ここで紹介する3つの例で、アニメーション要素をどのように活用しているかを具体的に見ていきましょう。どのWebサイトも、ユーザーに魅力的な体験を提供していることがよくわかりますね！

Diane Be True（ダイアンビートゥルー）公式

https://www.diane-betrue.com/

手書き風のイラストやフォントがかわいらしいWebサイト。やわらかく落ち着いた雰囲気が、自然な美しさとサステナビリティを強調して、自然素材を使用しているイメージと調和しています。

ふわふわ浮かぶイラスト

製品をイメージするイラストが動きながら配置されています。見ていてわくわくするような演出ですね。

スクロールに合わせて動くイラスト

スクロールするとなめらかにフェードインするイラストが視覚的なリズムを生み出し、ユーザーを引き込む工夫がされています。

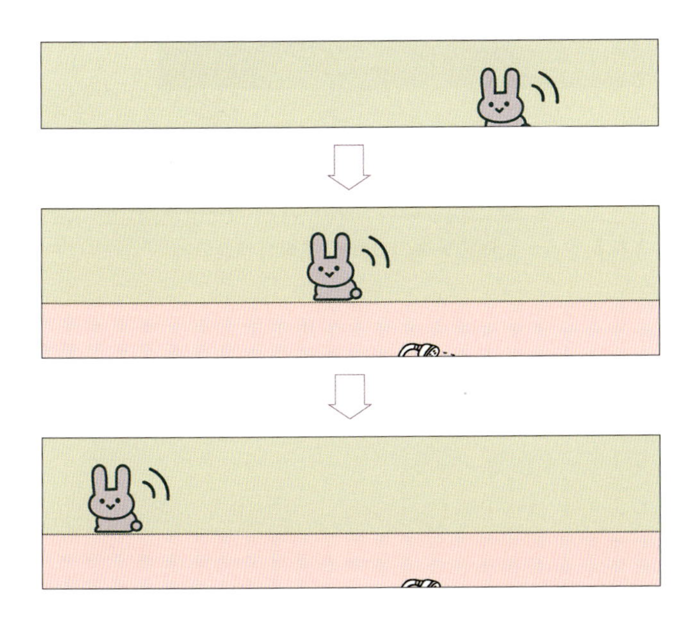

Thinqlo（シンクロ）

https://thinqlo.co.jp/

ミニマルで洗練されたデザインが特徴のWebサイト。ホワイトスペースを効果的に使用し、視線を誘導しながら各コンテンツが鮮明に表示されています。

移り変わる写真

ファーストビューでは美しい写真が大きく表示されます。一定時間が経つと別の写真にゆったりと切り替わります。

文字のグラデーションカラー

ページの最下部では文字の色が左右に流れながら変化していきます。クリーンなブランドイメージの中に遊び心が感じられますね。

レイクサイド動物病院

https://www.lakeside-ac.com/

シンプルながら、イラストやフォントから温かみを感じられるデザインのWebサイト。ビジュアルは大きく、鮮やかな写真がページ全体に使用されており、施設の魅力をリアルに伝えています。

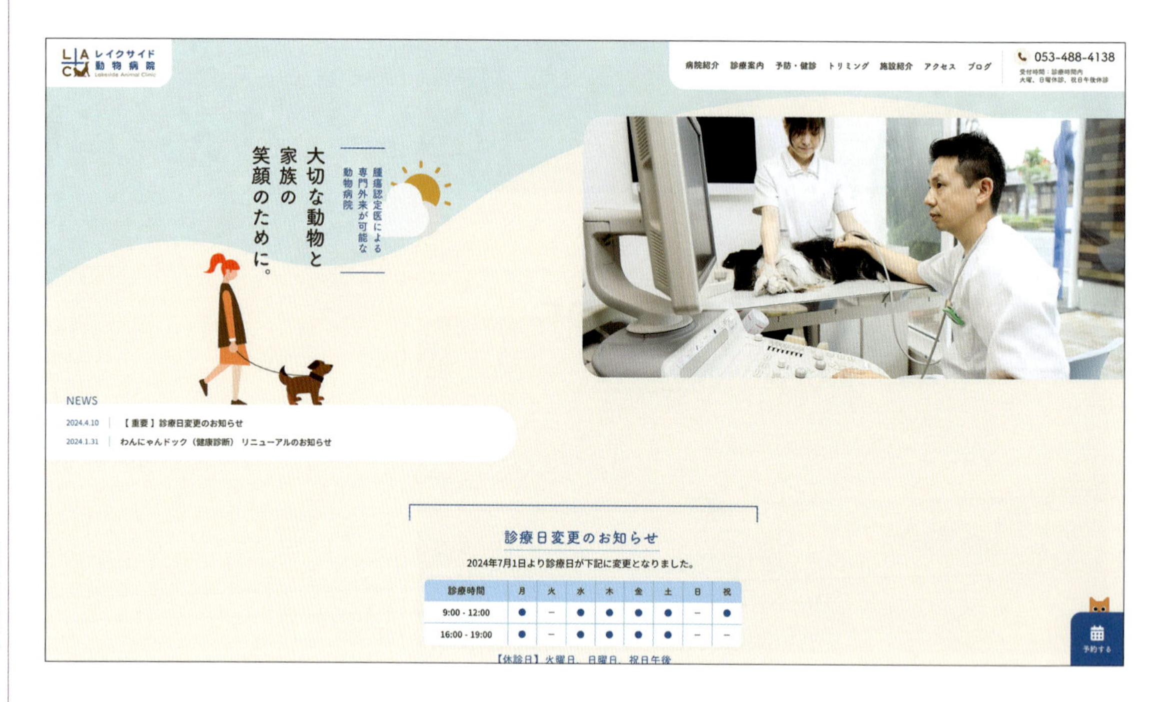

アニメーションイラスト

歩いたり、ブラッシングしたりと、動くイラストが要所要所に散りばめられています。ついながめてしまいますね。

クリックで開閉するパネル

「よくある質問」の項目は、クリックすると回答欄が下に伸びて表示されます。スペースを節約したいときに便利な演出です。

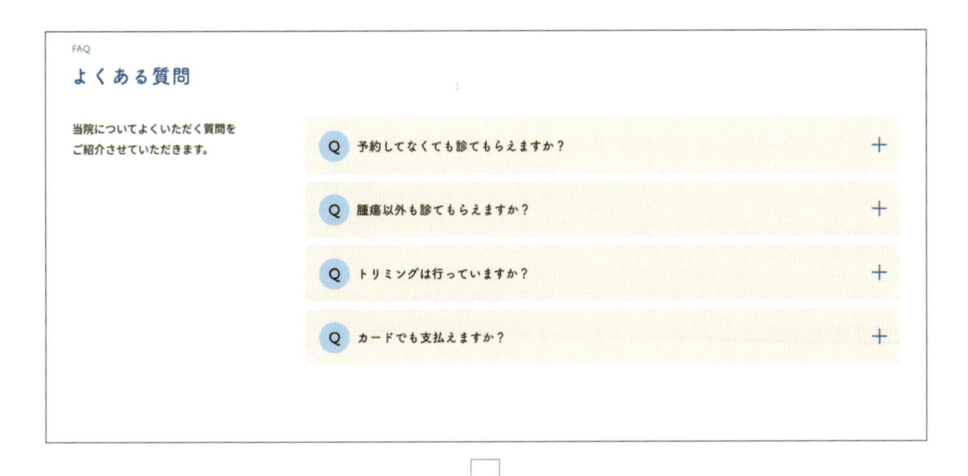

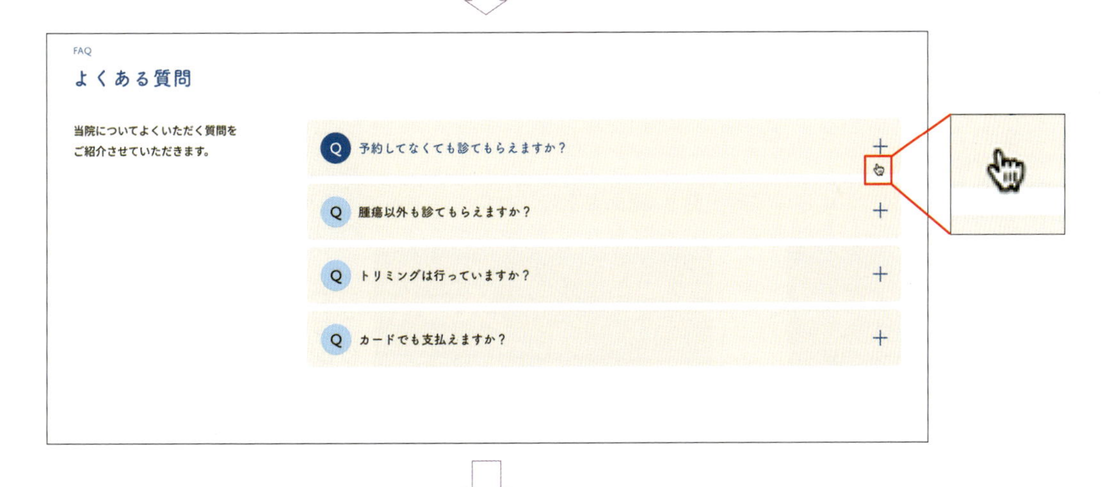

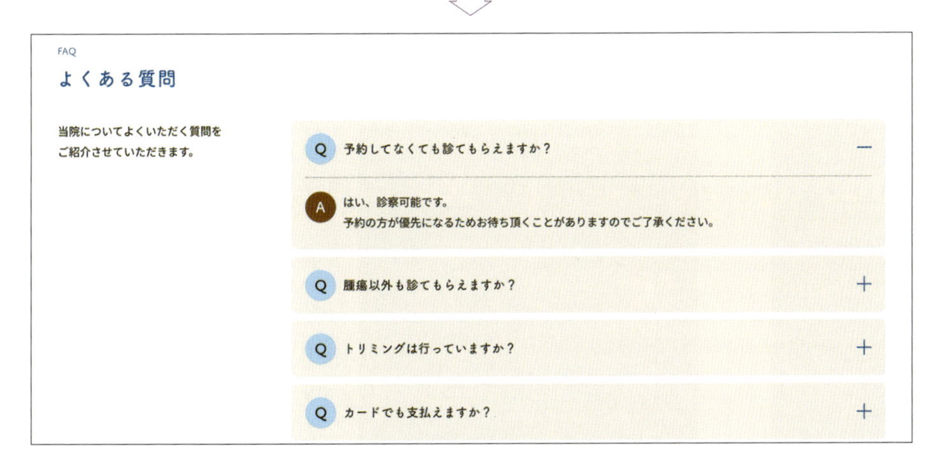

動きの必要性

最近のWebサイトでは、動きは単なる装飾以上の重要な役割を果たします。アニメーションへの期待は年々高まり、視覚的に魅力的で直感的なインターフェースが求められています。動きがあるとどんなよい効果があるのか、考えてみましょう。

情報の流れをわかりやすくする

動きがあることで、ユーザーはサイト内での操作に自然と引き込まれ、情報を受け取りやすくなります。例えば、視線を誘導するためのスムーズなスクロールアニメーションや、商品ページでの動きのある要素は、見る人を引きつける効果があります。
また、動きのあるWebサイトは、ユーザーに次のアクションを促すための視覚的な指針としても機能し、操作性を向上させることができます。例えば、クリック可能なボタンが押された際の軽い反応や、ページ遷移時のスムーズなトランジションは、ユーザーが次にどのような行動をとるべきかを自然に伝え、混乱を避けることができます。

株式会社リガーマリンエンジニアリング 採用サイト

https://recruit.regar.co.jp/

ファーストビューで上から下に白の図形が動き、画面を下にスクロールすることを促しています。

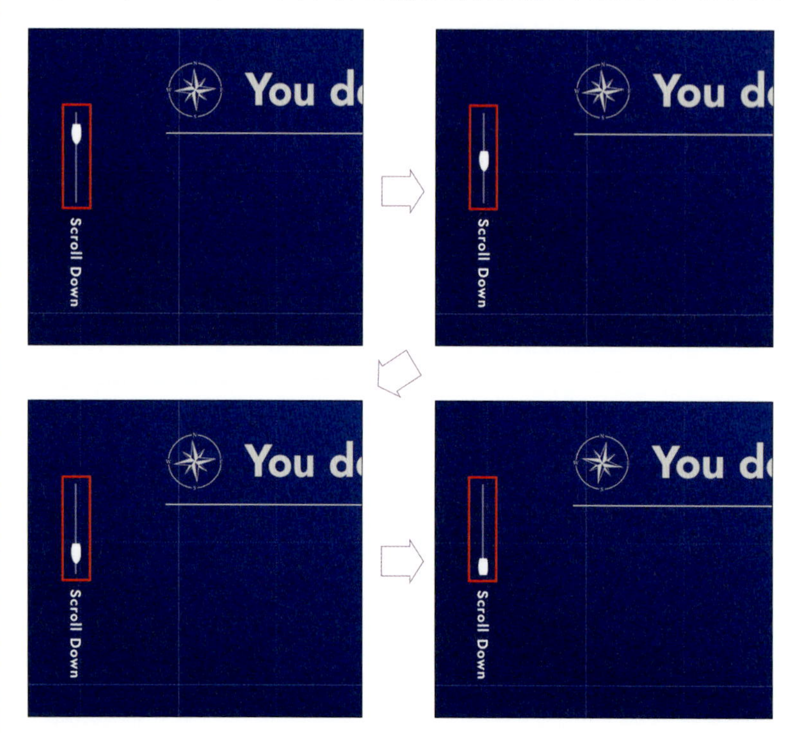

状態の変化を知らせる

Webページでは、リンクを通じてページ間を移動しながら多くの情報を閲覧することができます。通常、リンクをクリックすると別のページに移動し、画面が切り替わりますが、その変化が急だと何が起こったのかわからなくなることがあります。現実の世界では、物が目の前に突然現れたり、消えたり、別の物に変わることはありません。
アニメーションを上手に使うことで、初期状態から最終状態への変化を自然に示すことができます。これにより、ユーザーは状況を理解しやすくなり、Webページを迷わず快適に利用できるようになります。

穀宇（KOKUU LLC.）

https://kokuuexplorers.com/

右上のMENUをクリックすると、画面右端からナビゲーションメニューが表示され、これまで表示されていた画面は薄暗く変化します。動きがあることで、徐々に目の前に表示されるものが変化していく様子がよくわかります。

今何をしているのかを表示する

突然Webサイトがまったく反応しなくなった……。そんな経験をしたことはありませんか？ ネット接続が切れたのか、ページが読み込み中なのか、何も表示されなければ対処しようがありません。ユーザーは、常に現在の状況を理解したいと考えています。
アニメーションは、ユーザーに現在の状況を視覚的に伝える効果的な方法の1つです。ページの読み込み中やファイルのアップロード中、入力エラーが発生したとき、送信が完了したときなど、さまざまな場面で迅速かつ正確にフィードバックを提供できます。

Adobe Fonts

https://fonts.adobe.com/

フォントが表示されるまで、ローディング中のアイコンを表示し、今何をしているのか、何を待っているのかを明示しています。

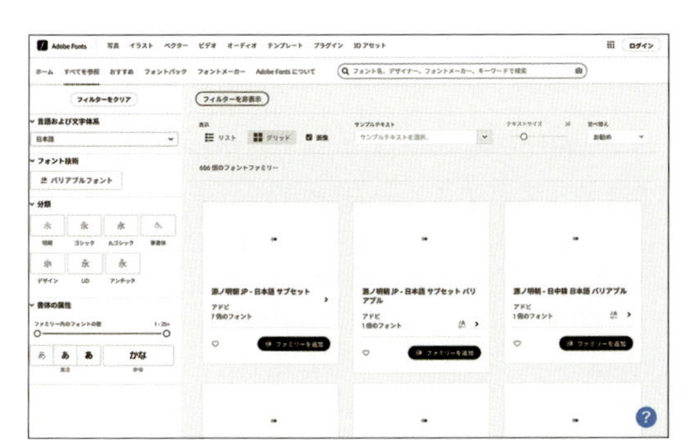

ローディング中のアイコンが
表示されます

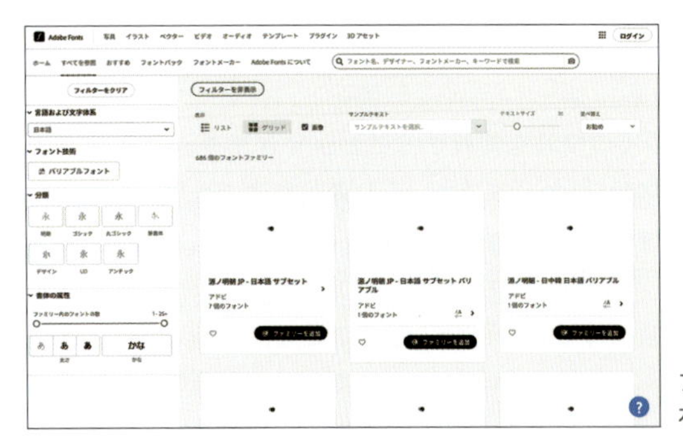

アイコンが左から
右に動いています

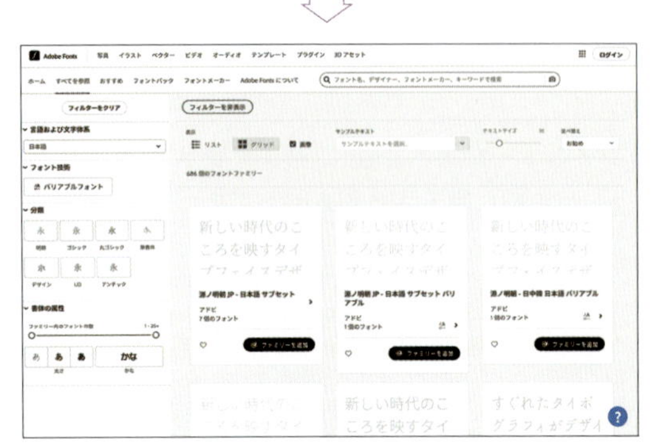

フォントが現れ
始めます

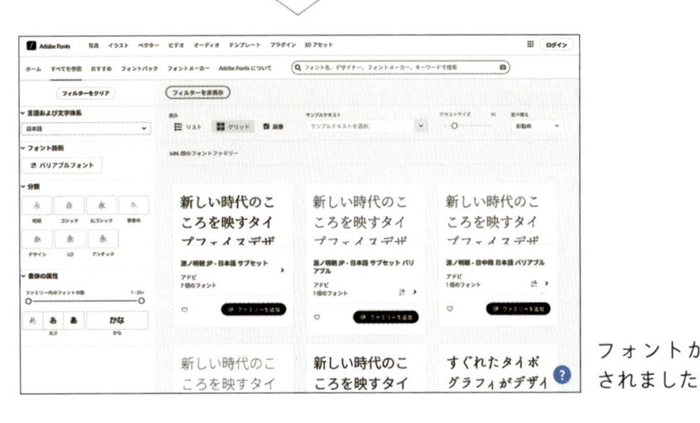

フォントが表示
されました

使い方を説明する

単に情報を載せるだけでなく、ユーザーが操作を行う機能を持つWebサービスでは、利用方法がわからなくなることがあります。どこを見て何をすべきか、動きを使って示すことで、初めてのユーザーも安心して利用できるようになります。
ユーザーの行動を深く理解して設計されたWebページでは、適切なタイミングや頻度でユーザーの注意を引き、効果的に誘導できます。

Adobe Firefly

https://firefly.adobe.com/

新しい技術である生成AIのサービスでは、使い慣れていないユーザーも多いため、まずどこに何を入力すればよいのかわかるよう、入力欄に1文字ずつ入力しているような動きを採用しています。

魅力を伝える

動きのあるWebサイトは、単なる静的なページとは異なり、視覚的に動きのある要素を使用して、訪問者に対してダイナミックな印象を与えます。スクロールに応じて変化するアニメーション、ボタンのホバー効果、コンテンツのフェードイン・アウトなどが一般的に用いられます。
これらの動きは、ユーザーに視覚的な楽しさを提供し、ブランド独自の世界観を表現できます。効果的にアニメーションを使用し、記憶に残るサイト体験を作り出せるでしょう。

動きを取り入れる際の注意点

動きのあるWebサイトを制作する際には、いくつかの注意点もあります。過度なアニメーションや不自然な動きは、逆にユーザーを混乱させ、サイトのパフォーマンスを低下させることがあります。また、動きが多すぎると、サイトの読み込み時間が長くなり、ユーザーの離脱率が上がるリスクもあります。適切なバランスを保ちつつ、ユーザーの利便性を最優先に考えた動きを設計することが重要です。

動きによる印象の違い

心地よいアニメーションは、見ている人に「これはアニメーションだな」とその存在を気づかせないほど自然です。どのようなアニメーションが見る人に心地よさを感じさせるのか、考えてみましょう。

動きの加減速

アニメーションを設定する際には「イージング」という項目があります。これは、動きの加速や減速を調整する機能です。例えば、現実の物理的な世界では、物体は最初から最後まで一定の速度で動くことはなく、最初はゆっくりと動き始め、徐々に加速し、最後に再び減速して停止します。アニメーションでも、このような自然な動きに近づけることで、機械的で不自然な印象を避けることができます。

イージング関数チートシート

https://easings.net/ja

イージングを頭の中でイメージするのは少し難しいかもしれません。そんなときは実際の動きを確認するとよいでしょう。このWebサイトではさまざまなイージングの例が用意されており、マウスカーソルを合わせるとどのように動くのかが表示されます。さらにクリックすることで、CSSのサンプルコードも表示されます。

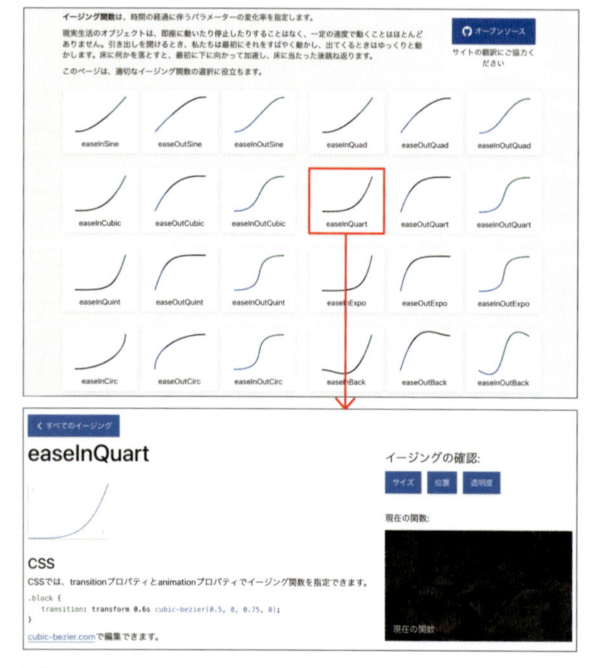

デザインテーマに合った動き

Webサイトを作成するときは、まずそのデザインのテーマを決めることが重要です。親しみやすい雰囲気にするのか、厳かな印象にするのか、あるいはポップで鮮やかなイメージにするのか、レトロなスタイルにするのか……。このようなテーマに沿ってアニメーションをデザインすると、サイト全体に統一感が生まれ、見る人にとって心地よい印象を与えることができます。例えば、やわらかな触り心地が特徴の寝具のWebサイトであれば、弾けるような動きよりも、ゆったりと浮かび上がるような表現のほうが全体の雰囲気にマッチするでしょう。
動く様子は、よく擬音語で表現されます。

ポンッ

短い時間で要素が拡大・縮小し、弾けるような印象に。楽しげでわくわくするようなデザインにぴったりです。

じんわり

ぼやけた画像やテキストが、徐々に鮮明に表示されていきます。アニメーションの速度によって印象は変わりますが、どんな雰囲気にも合わせやすい動きです。

クルッ

要素をクルッと回転させる、ダイナミックで派手な印象です。大きな動きになるため、使いすぎには注意が必要です。

ふんわり

アニメーションの開始前と開始後で変化をつけすぎず、速度も遅くすることがポイントです。軽やかでゆったりとした雰囲気を演出できます。

シュッ

動作の速度が速く、俊敏な動きで、スピード感のあるかっこよさを演出できます。

ガクガク

要素を上下や左右に小刻みに震わせた表現方法です。多用すると不快ですが、ポイントを絞って使用するとインパクトがあります。

上記はほんの一例ですが、動きのイメージは湧いたでしょうか？ 一概にアニメーションといっても、表現方法や、それを見たときの印象も違いますね。実装の前に、見た目だけではなく、動かしたときのデザインも一緒に考えていくとよいでしょう。

どんな動きにしよう？

やみくもに「なんとなく見たことがあるから」「流行っている気がするから」と、動きをつけてしまっては、せっかくのデザインが台無しになりかねません。動きもデザインの一部です。事前に調査、設計することが重要です。

デザインを擬音語にするなら？

前のLESSONで紹介したように、動きは擬音語で表現されることが多いです。そこで、デザインの印象を擬音語にするならどうなるかを考えてみましょう。

例：
・ふわふわ
・ゆらゆら
・シュッ
・ぽよん
・じんわり
・キラッ
・シャキーン
・クルッ
・パタン
・ガクガク
・スルッ

さらに、それらの擬音語を表現するような動きとはどんなものなのかを考えていくと、デザインにマッチするような表現が可能です。

ギャラリーサイト

実際にどんな動きが採用されているのかを見てみると、よりイメージが具体化することでしょう。素敵な動きをまとめたギャラリーサイトを参考にしてみてください。

Showreelz

https://www.showreelz.com/

さまざまな動きを集めているWebサイト。サムネイルをクリックして動画で動きを確認できます。インスピレーションを得たいときにおすすめです。

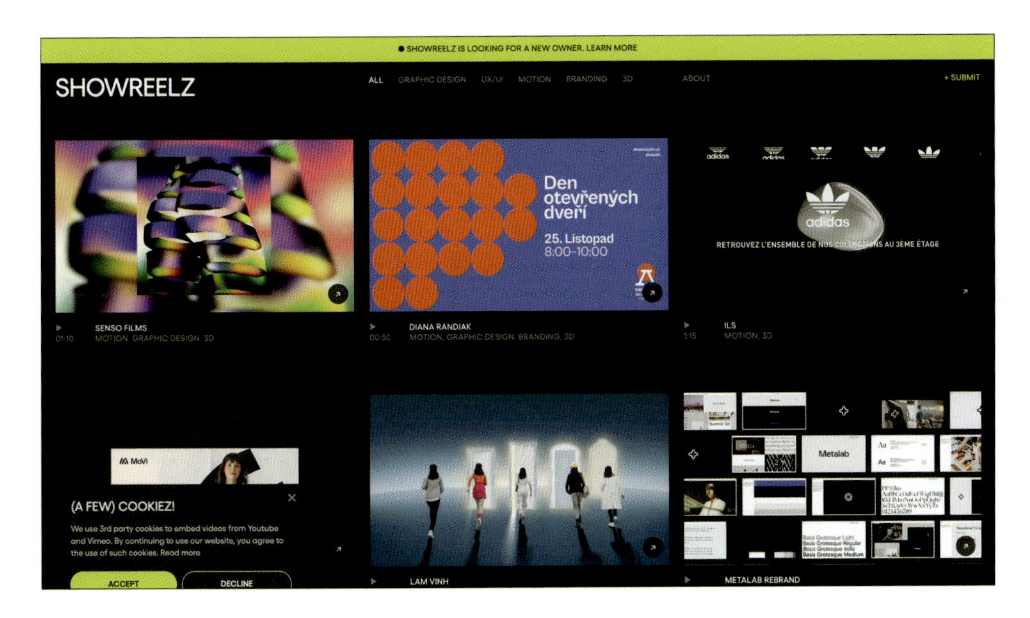

App Motion

https://appmotion.design/

主にモバイルアプリの動きをまとめたWebサイトです。各スクリーンショットをホバーすると、画面が動き出します。

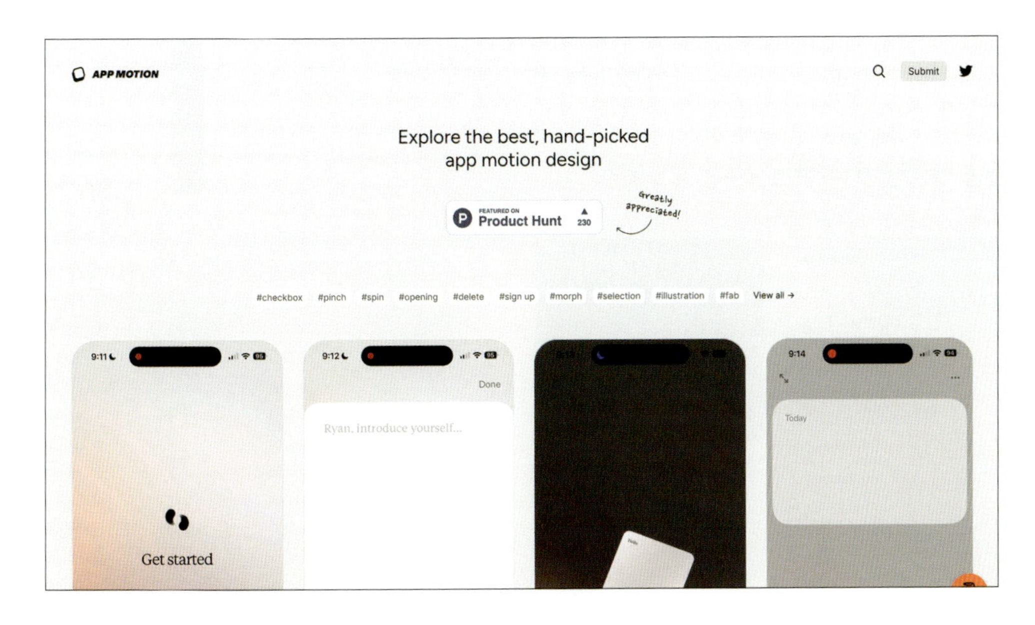

Dribbble

https://dribbble.com/tags/motion-graphic

海外の人気デザインコミュニティサイト「Dribbble」では、「Motion Graphic」タグで動きのあるデザインがまとめられています。対象をホバーすると動きの確認もできます。

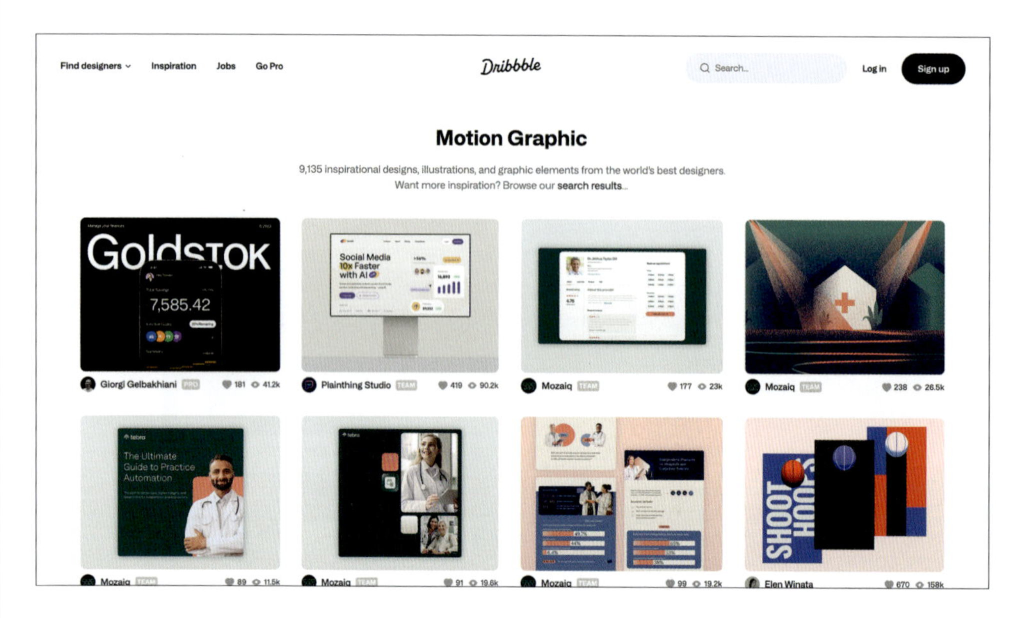

SANKOU!

https://sankoudesign.com/category/motion-effect/

主に国内のWebサイトを紹介しているギャラリーサイト。「動き・エフェクト・アニメーションあり」カテゴリーで、素敵なアニメーションのあるWebサイトがまとめられています。

チェックしたいポイント

さまざまなWebサイトやアプリのアニメーションを見ていると、素敵な演出に遭遇し、参考になることもある反面、煩わしく感じてしまうこともあります。動きを観察するときは、どんなときに好感を持てるのか、そしてその逆の不快に思えるものもチェックしておくとよいでしょう。

タイミングや速度

アニメーションの開始タイミングは非常に重要です。ユーザーが操作を行った際には、その操作が終わると同時にアニメーションが素早く始まるのが理想的です。また、動きの速度にも注意が必要です。あまりに速いと変化に気づきにくく、遅すぎるとユーザーに待たされる印象を与えてしまいます。具体的な時間は動作内容や対象によって異なりますが、一般的に100ミリ秒（0.1秒）未満の動きではアニメーションと認識されにくいでしょう。

同時に動かす要素の数

画面の上部ではナビゲーションメニューが、画面下部ではボタンが、さらに背景画像が絶え間なく動き、ボタンをホバーすると左右に揺れ始める……。そんなWebページを想像してみてください。かなり混乱した印象を与えますね。複数の要素を同時に動かさないことが、ユーザーに不快感を与えないポイントです。複数の要素を動かしたい場合は、動かす順番を決めたり、速度に変化をつけたりするなどの工夫が有効です。

再生回数

どれほど優れたアニメーションでも、長時間見続けると煩わしさを感じることがあります。アニメーションは無限ループにすることも可能ですが、見続けても不快感を与えないWebページにするためには、再生回数を考慮することが大切です。例えば、調べ物をして同じページを長時間表示している場合、画面上でずっと回り続ける要素があるとどうでしょう？ 一定回数でアニメーションを停止させたり、無限ループさせる場合はその速度に気を配ったりすることが重要です。

動きをデザインしよう

「アニメーションを実装しよう！」と意気込んだところで、まずは何から始めればよいでしょうか？ 効果的な動きをデザインするための手順やポイント、おすすめのツールを紹介します。

アニメーションの制作手順

ステップ1 コンセプトを決める

最初に、アニメーションの目的とその役割を明確にすることが重要です。例えば、ユーザーの注目を集めるための目立つ動きや、情報を段階的に伝えるためのアニメーションなど、目的に応じたコンセプトを決定します。目的が定まることで、どのような動きが必要か具体化され、無駄のない制作が可能になります。

ステップ2 ストーリーボードを作成する

次に、ストーリーボードを作成します。ストーリーボードは、アニメーションの流れや構成を視覚的に整理するためのツールです。日本では「絵コンテ」とも呼ばれています。各シーンの主なアクションやトランジションを描き出し、アニメーションの全体像をわかりやすくします。必要に応じて矢印やコメントを挿入するとよいでしょう。これにより、デザインプロセスがスムーズに進み、制作チームとの共有も楽になります。

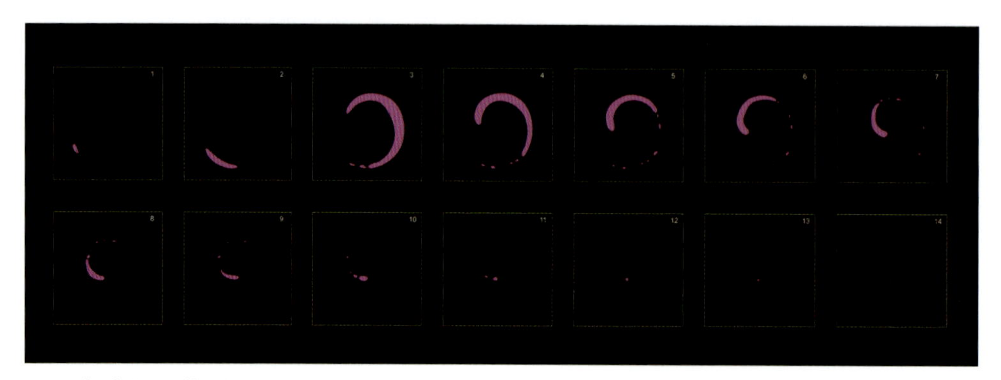

1コマずつ変化する様子を図にしていくと伝わりやすいです

ステップ3 プロトタイプを作成する

ストーリーボードが完成したら、次はプロトタイプを作成します。プロトタイプは、実際の動きを確認しながら調整するためのものです。FigmaなどのUIツールを使って、簡単なアニメーションを作成し、動きの流れやインタラクションを確認します。この段階で、実際のユーザー体験をシミュレーションしながら最適な動きを考えます。

ステップ4 制作に入る

プロトタイプが固まったら、アニメーションの制作に入ります。Adobe After EffectsやCSSアニメーション、JavaScriptライブラリーなどを使って、デザインを具現化します。各要素の動きを詳細に設定し、タイミングやイージングの調整を行い、自然な流れを作り出します。細部にこだわることで、より洗練されたアニメーションを作り上げることができます。

ステップ5 テストとフィードバックを繰り返す

最後に、アニメーションをテストしたり、ユーザーからのフィードバックを受けたりします。テストでは、動きが意図通りに機能しているか、ユーザーの使いやすさを損なっていないかを確認します。フィードバックを基に、必要に応じて調整や改良を加え、最終的な仕上げを行います。そうすることで、より完成度の高いアニメーションが実現できます。

制作チームでアニメーションを共有するコツ

Webデザインのプロジェクトでは、アニメーションをデザインする人と実装する人が別々の場合もあります。そんなとき、デザインの意図を正確に伝えること、そして制作する側が意図を上手に汲み取ることが成功の鍵となります。

明確なドキュメントを用意する

アニメーションの詳細を正確に伝えるためには、視覚的なドキュメントが不可欠です。必要なスタイルやデザインの詳細をまとめたドキュメントを作成し、各アニメーションの開始条件、動きの方向、スピード、イージング（加速・減速の具合）などの詳細を記載します。特に、動きのタイミングやリズムが重要な場合は、具体的な数値（ミリ秒単位）で示すことが効果的です。これにより、実装者がデザインの意図を理解しやすくなり、結果として統一感のある動きを実現できます。

プロトタイプで視覚的に示す

テキストの説明だけでは、動きのニュアンスや細かい調整がうまく伝わらないことがあります。そのため、Figmaなどのプロトタイプツールを活用し、実際の動きを視覚的に示すのも効果的です。プロトタイプを共有することで、デザイナーと実装者が同じイメージを持つことができ、スムーズなコラボレーションが可能になります。動きの方向性や反応のタイミングを具体的に示すことで、実装時のギャップを最小限に抑えることができます。

チーム内でやりとりを定期的に行う

アニメーションの実装が進む過程で、デザインと実装にギャップが生じることも少なくありません。これを防ぐためには、フィードバックを交換する体制を作り、定期的にデザインと実装の進行状況を確認する機会を設けることが重要です。デザイナーは、実装者が抱える技術的な制約や可能性を理解しつつ、実装者はデザイナーの意図を尊重して細部まで再現できるよう努めます。双方が建設的なフィードバックを提供し合うことで、よりよい結果が得られるでしょう。

動きも作れるおすすめツール

動きをデザインするためのツールは数多くありますが、どれを使えばよいか迷うこともあるでしょう。ここでは、初心者から上級者まで使えるおすすめのツールを紹介します。

Figma

https://www.figma.com/ja-jp/

動きのあるプロトタイプを作成するためのデザインツールとして、世界中で人気のあるFigma。UI/UXデザインに特化しており、軽量なアニメーションやトランジションを簡単に設定できます。コラボレーション機能が充実しているため、チームでのデザイン作業にも向いています。

Adobe After Effects

https://www.adobe.com/jp/products/aftereffects.html

高品質なアニメーションを作成するなら、Adobe After Effectsが最適です。豊富なエフェクトと高度なタイムライン機能を使って、複雑なアニメーションを細かく調整できます。特に、ブランドプロモーションや動画背景を作成する際に威力を発揮します。

CHAPTER

2

CSS、
JavaScriptアニメーションの基礎

動きをデザインするには、CSSやJavaScriptのアニメーション実装が欠かせません。
このChapterでは、動く仕組みを理解しながら、
CSS transition・keyframesの基礎からJavaScriptによる動きの制御、
イベント活用、デベロッパーツールの使い方まで、
実践的なステップを紹介します。

アニメーションの さまざまな実装方法

Webサイトにアニメーションを取り入れる方法はさまざまです。それぞれに特徴やメリット・デメリットがあるため、目的に応じた選択が重要です。

画像や動画を使う

画像や動画を使ったアニメーションは、視覚的にインパクトのある表現を簡単に実現できます。GIFや動画形式(MP4など)を使用することで、複雑な動きを短時間で制作し、すぐに実装できます。特に、ブランドやプロダクトのプロモーションで効果を発揮します。

メリット	インパクトが強く、ビジュアル効果が高い
	コードを書く必要がないため、技術的な知識が少ない人でも扱いやすい
デメリット	ファイルサイズが大きくなるため、ページの読み込み速度に影響することがある
	動きが固定されているため、細かな調整やインタラクティブな動作は難しい

CSSを使う

CSSアニメーションは、軽量で高速に動きを実装できる方法です。主にトランジションや変形、フェードイン／フェードアウトといったシンプルな動きに適しており、HTMLとCSSだけで作成できるため、比較的簡単に利用できます。動きの開始タイミングや持続時間を細かく指定できる点も魅力です。

メリット	軽量で、パフォーマンスに優れたアニメーションを実装できる
	コードベースで簡単に編集や微調整が可能
デメリット	複雑な動きやインタラクティブなアニメーションには限界がある
	JavaScriptほど動きの柔軟性は高くない

JavaScriptを使う

JavaScriptは、最も自由度の高いアニメーションの実装手段です。シンプルなコードを自分で記述したり、Chapter 8で紹介するライブラリーを活用したりして、より複雑なアニメーションの作成ができます。スクロールやクリックなど、ユーザーの操作に応じて動きをカスタマイズできる点が大きな強みです。

以下の表に、JavaScriptのメリットとデメリットをまとめました。

メリット	ユーザーの操作に応じたダイナミックな動きを実装できる
	複雑で多彩なアニメーションが可能
デメリット	JavaScriptの知識が必要で、CSSや画像を使ったアニメーションに比べて実装が複雑
	大規模なアニメーションは読み込み速度などに影響を与えることがある

アニメーションの実装方法は、プロジェクトの目的や規模、パフォーマンスに応じて選ぶことが大切です。画像や動画は簡単にインパクトを与えたい場合に、CSSは軽量でシンプルな動きを求める場合に、そしてJavaScriptは複雑でインタラクティブなアニメーションを実現したい場合にそれぞれ適しています。自分のサイトに最適な方法を選び、効果的なアニメーションを取り入れてみましょう。

COLUMN

Webサイト制作のためのエディター

Webサイト制作には、効率的なコーディングを支援するエディターが欠かせません。初心者からプロまで幅広く活用できるおすすめのエディターを紹介します。

Visual Studio Code

https://code.visualstudio.com/

軽量かつ拡張性の高いコードエディター。HTML、CSS、JavaScriptを含む多くの言語に対応し、プラグインを追加することで機能を拡張できます。Git統合やライブプレビュー機能も充実しており、Webサイト制作に最適。無料で利用できます。

WebStorm

https://www.jetbrains.com/ja-jp/webstorm/

JetBrainsが提供する高機能なWeb開発向けエディター。JavaScriptやTypeScriptの開発に特化し、コード補完やデバッグ機能が充実しています。プロジェクトの規模が大きい場合に特に有用です。個人利用は無料となります。

Sublime Text

https://www.sublimetext.com/

高速で軽量なコードエディター。スニペットや多重選択機能により効率的なコーディングが可能です。カスタマイズ性が高く、多くの拡張機能を利用できるため、シンプルながらも強力な開発環境を構築できます。利用料はUS$99。

Cursor

https://www.cursor.com/ja

AIアシスタントを搭載した最新のコードエディター。Visual Studio Codeをベースに開発されており、GitHub Copilotのようなコード補完機能や、エラー修正の提案を自動で行うAIサポートが特徴です。効率よくコーディングを進められます。

CSS transition
アニメーションの基礎

CSSでアニメーションを加える方法は2通りあります。1つは簡易的な動作を指定できるtransition（トランジション）。もう1つは複雑な動きも設定できるkeyframes（キーフレーム）です。まずはtransitionの使い方から見ていきましょう。

［デモファイル］
C2-02-demo1～2

トランジションとは

時間を指定して要素を変化させられるtransitionプロパティー。要素のスタイルが変化する際に、その変化をなめらかにアニメーションさせることができます。始点と終点の装飾の変化を表現できるので、単純な動きであればtransitionプロパティーを使うとよいでしょう。「単純」とはどの程度かというと、始点・終点の2点間の動きのみです。始点・終点の2点間しか設定できないため、途中で別の動きを追加したり、繰り返し動かしたりすることはできません。また、アニメーションの自動再生はできず、ホバー時に再生されるよう設定するための:hoverなど、アニメーションを発動させるきっかけが必要です。
まずは簡単な使い方の例を見てみましょう。最初はh1の文字色をピンクに設定し、ホバーしたとき（:hover）はh1の文字色が黄色になるようCSSを記述しました。

OUTPUT

複数のプロパティーが変化します

複数のプロパティーが変化します

記述例

［デモファイル］C2-02-demo1
https://codepen.io/manabox/pen/RwXbgpX/

HTML

```
<h1>複数のプロパティーが変化します</h1>
```

CSS

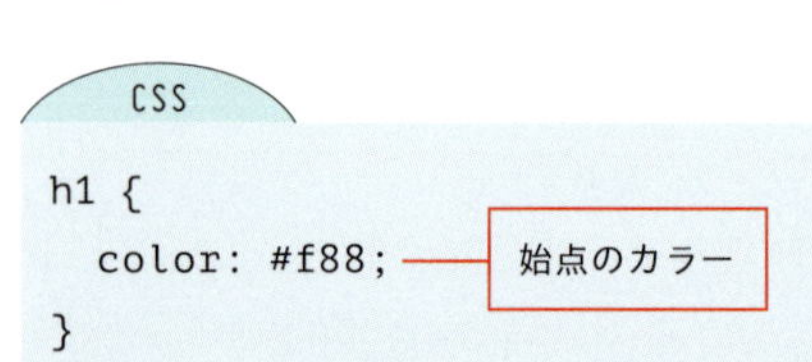

```
h1 {
  color: #f88;
}
```

始点のカラー

```
h1:hover {
  color: #fc2;   ← 終点のカラー
}
```

現状、ホバーすると瞬時に文字色が黄色に変わります。ここまでは基本的なCSSの書き方ですね。これにtransition: 1s;を追加します。1sは1 second（1秒）を表します。1秒かけて始点であるh1の装飾と、h1:hoverとの装飾の相違点である文字色を変化させる、という意味ですね。1秒以下は、0.5s（.5sとも記述可能）や500ms（ミリ秒）などと指定できます。

OUTPUT

複数のプロパティーが変化します

複数のプロパティーが変化します

複数のプロパティーが変化します

複数のプロパティーが変化します

transitionを使うと、文字色が1秒かけてふんわりと変化します

記述例

CSS

```
h1 {
  color: #f88;
  transition: 1s;   ← transitionを追加する
}
h1:hover {
  color: #fc2;
}
```

カスタマイズ例：複数のプロパティーを変化させる

すべてのプロパティーを変化させたい場合、transition-propertyを指定しなければデフォルトでallが適用されます。しかし、アニメーションを適用したいプロパティーとそうでないプロパティー

が混ざっている場合は、個別にプロパティーを指定する必要があります。
以下の例では、ホバーすると背景色、文字サイズは徐々に変化しますが、文字色は白から黒へと瞬時に変わります。文字色をアニメーションで白 → グレー → 黒へと徐々に変化させると、途中のグレー文字で視認性が落ちてしまうため、文字色にはアニメーションを付与しません。このように、文字色以外をアニメーションで変えたいときには、プロパティーをカンマで区切って指定しましょう。プロパティーごとにアニメーションの速度やタイミングを調整することも可能です。

OUTPUT

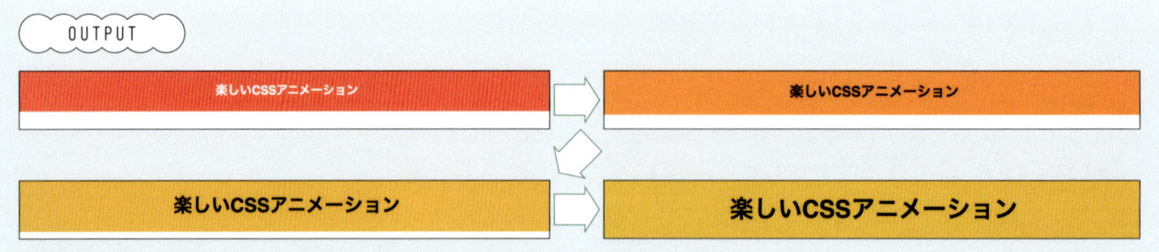

背景色は1秒かけて、文字サイズは2秒かけてアニメーションとともに変化します。
文字色にはアニメーションが付与されず、ホバーした瞬間に変化します

記述例

[デモファイル] C2-02-demo2
https://codepen.io/manabox/pen/OJKLoKZ/

https://codepen.io/manabox/pen/OJKLoKZ/

HTML

```
<h1>楽しいCSSアニメーション</h1>
```

CSS

```
h1 {
  background: #f66;
  color: #fff;
  font-size: 1rem;
  text-align: center;
  padding: 1rem;
  margin: 1rem;
  transition: background 1s, font-size 2s;
}
h1:hover {
  background: #fc2;
  color: #000;
  font-size: 2rem;
}
```

transition関連のプロパティー

よく使われるのは、変化させるプロパティーを指定するtransition-propertyや、変化にかかる時

間を指定するtransition-durationですが、トランジションをより理解するため、ほかにどのようなプロパティーが利用できるのかも確認しておきましょう。

プロパティー	意味	指定できる値
transition-property	アニメーションを適用するプロパティー	・all（初期値）…すべてのプロパティーに適用 ・プロパティー名…CSSプロパティーの名前を記述 ・none…適用させない
transition-duration	アニメーションの実行にかかる所要時間	・数値s…秒 ・数値ms…ミリ秒
transition-timing-function	アニメーションの速度やタイミング	・ease（初期値）…開始時と終了時は緩やかに変化 ・linear…一定の速度で変化 ・ease-in…最初はゆっくり、だんだん速く変化 ・ease-out…最初は速く、だんだんゆっくりと変化 ・ease-in-out…開始時と終了時はかなり緩やかに変化 ・steps()…ステップごとに変化 ・cubic-bezier()…変化の度合いを3次ベジェ曲線で指定
transition-delay	アニメーションが始まるまでの待ち時間	・数値s…秒 ・数値ms…ミリ秒

まとめて記述できるtransitionプロパティー

デモサイトでは、上記の個別プロパティーではなく、すべてを一括で指定できるtransitionを使っています。この方法なら、より簡潔に記述できますね。各プロパティーの値をスペースで区切って指定しますが、項目の一部は省略可能です。ただし、transition-durationを省略するとトランジションが実行されないので注意しましょう。以下の順序で記述します。

1. **transition-property**
2. **transition-duration**
3. **transition-timing-function**
4. **transition-delay**

記述例

CSS

```
transition: background-color 1s ease-out 200ms;
                   1          2     3      4
```

以下の記述と同じ意味になります。

CSS

```
transition-property: background-color; —— 1
transition-duration: 1s; —— 2
transition-timing-function: ease-out; —— 3
transition-delay: 200ms; —— 4
```

CSS keyframes アニメーションの基礎

トランジションよりも複雑で細かい動きを実現するには、キーフレームアニメーションを使用します。CSSだけでアニメーションの途中経過やタイミング、無限ループの設定なども可能です。記述はやや複雑になりますが、その分豊かな表現ができるようになります。

[デモファイル]
C2-03-demo1～2

キーフレームとは

キーフレームアニメーションは、時間の経過に応じて複数のプロパティーを設定できるアニメーションです。トランジションとは異なり、開始から終了までの間に複数の経過地点を設け、それぞれに異なるスタイルを適用できます。この経過地点をキーフレームと呼び、@keyframesという@規則を使ってどのように変化するかを定義します。さらに、アニメーションは自動的に再生されるため、:hoverなどのトリガーがなくても発動できます。

キーフレームの基本的な記述方法

@keyframesの後に任意の名前をつけて宣言し、0%から100%までの間でアニメーションの変化を定義します。0%はアニメーションの開始時点、100%は終了時点を表します。

CSS

```
@keyframes 任意のキーフレーム名 {
    0% {
        プロパティー: 値;
    },
    50% {
        プロパティー: 値;
    },
    100% {
        プロパティー: 値;
    }
}
```

指定するタイミングが開始時と終了時のみの場合は、次のように0%をfrom、100%をtoで置き換えられます。

CSS

```
@keyframes 任意のキーフレーム名 {
    from {
        プロパティー: 値;
```

```
    },
    to {
        プロパティー: 値;
    }
}
```

アニメーションとキーフレームを連動させるためには、キーフレーム名と要素に指定するanimation-nameの名前を同じにする必要があります。

CSS

```
セレクター {
    animation-name: 任意のキーフレーム名;
}
```

まずは簡単な例を見てみましょう。キーフレーム「gradient-box」に対して、アニメーションを定義します。0%（開始時）では背景色が黄色、50%（中間地点）では緑、100%（終了時）には青になるよう設定しています。このキーフレームを適用するために、div要素にanimation-name: gradient-box;と指定しました。また、アニメーションの再生時間を指定するanimation-durationは必須のプロパティーなので、必ず一緒に設定しましょう。この例では10sとして、10秒かけてアニメーションが再生されるように設定しています。

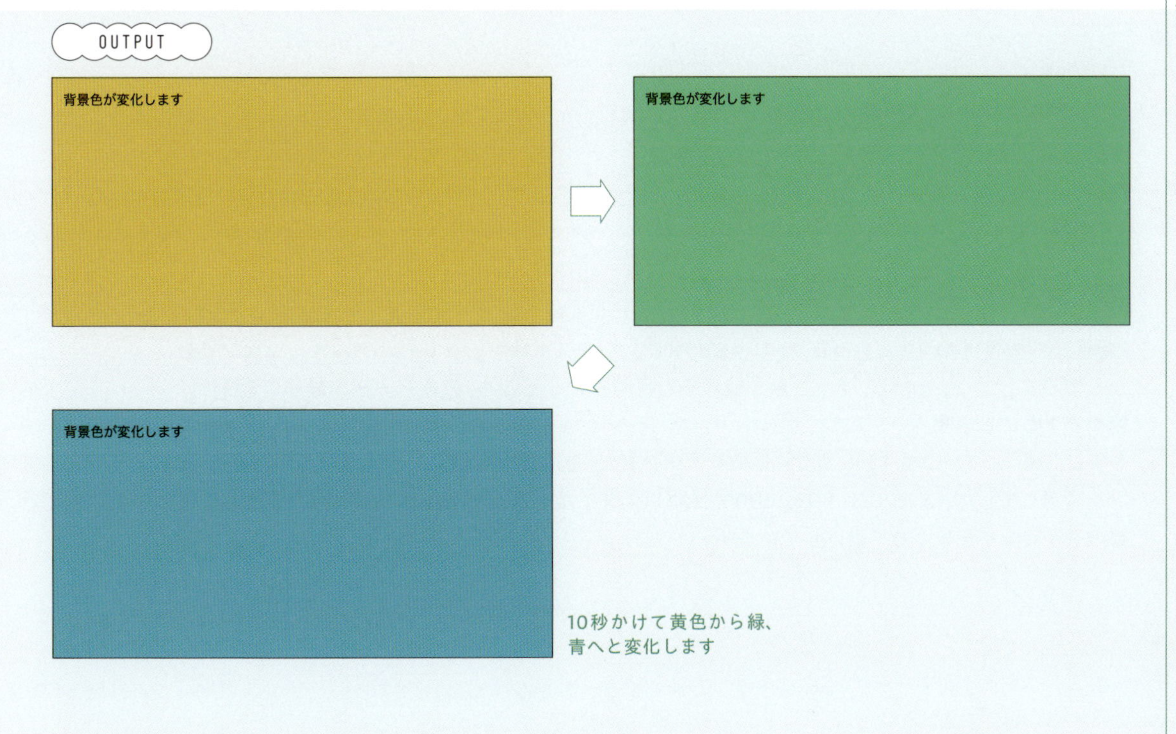

10秒かけて黄色から緑、
青へと変化します

[デモファイル] C2-03-demo1
https://codepen.io/manabox/pen/VwoYKBL/

https://codepen.io/manabox/pen/VwoYKBL/

HTML

```
<div>背景色が変化します</div>
```

CSS

```
div {
  background: #0bd;
  height: 300px;
  padding: 1rem;
  animation-name: gradient-box;
  animation-duration: 10s;
}
@keyframes gradient-box {
  0% {
    background: #fc4;
  }
  50% {
    background: #4ca;
  }
  100% {
    background: #0bd;
  }
}
```

要素に指定するanimation-nameとキーフレーム名を同じにする

例：要素を上下に3回動かす

「新着」や「おすすめ！」といった、少し目立たせたいテキストをキーフレームアニメーションで動かしてみましょう。ただし、ずっと動き続けると目障りになるため、読み込み後に最初の3回だけ動かすようにします。

今回は、0%、25%、50%、75%、100%のタイミングでtopの位置を変えて、上下に動くアニメーションを設定しました。また、0%、50%、100%で同じスタイルを適用するため、カンマ(,)を使って複数のタイミングをまとめて指定しています。

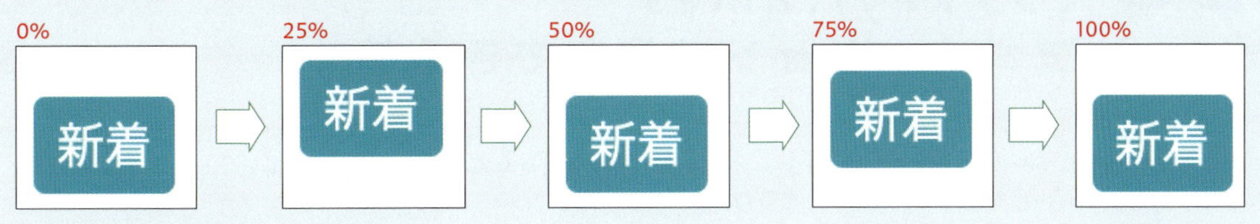

上にぴょこぴょこ跳ねているような動きです

[デモファイル] C2-03-demo2
https://codepen.io/manabox/pen/wvVBoMm/

https://codepen.io/manabox/pen/wvVBoMm/

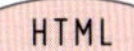


```
<p class="new">新着</p>
```

CSS

```
.new {
  color: #fff;
  background: #0bd;
  padding: 4px 8px;
  border-radius: 4px;
  display: inline-block;
  position: relative;
  animation-name: new-animation;
  animation-duration: 2s;
  animation-iteration-count: 3;
}
@keyframes new-animation {
  0%,
  50%,      同じスタイル(位置)をまとめて適用
  100% {
    top: 0;
  }
  25% {
    top: -12px;
  }
  75% {
    top: -8px;
  }
}
```

CSS keyframesアニメーションで指定できる値

キーフレームアニメーションは、トランジションに比べて複雑な動きを実現できるため、設定できるプロパティーの数も増えています。ここでは、キーフレームアニメーションで使用可能なプロパティーを確認していきましょう。

プロパティー	意味	指定できる値
animation-name	@keyframesで定義したキーフレーム名	ダッシュ(-)または英文字から始まるキーワード
animation-duration	1回分のアニメーションの実行にかかる所要時間	・数値s…秒 ・数値ms…ミリ秒
animation-timing-function	アニメーションの速度やタイミング	・ease(初期値)…開始時と終了時は緩やかに変化 ・linear…一定の速度で変化 ・ease-in…最初はゆっくり、だんだん速く変化 ・ease-out…最初は速く、だんだんゆっくりと変化 ・ease-in-out…開始時と終了時はかなり緩やかに変化
animation-delay	アニメーションが始まるまでの待ち時間	・数値s…秒 ・数値ms…ミリ秒
animation-iteration-count	アニメーションを繰り返す回数	・数値…繰り返す回数 ・inifinite…無限ループ
animation-direction	アニメーションの再生方向	・normal(初期値)…通常の方向で再生 ・alternate…奇数回で通常の方向、偶数回で反対方向に再生(行って帰って行って帰って…という具合) ・reverse…逆方向に再生 ・alternate-reverse…alternateの逆方向に再生
animation-fill-mode	アニメーションの再生前後の状態	・none(初期値)…なし ・forwards…再生後、最後のキーフレームの状態を保持 ・backwards…再生前、最初のキーフレームの状態を適用 ・both…forwardsとbackwardsの両方を適用
animation-play-state	アニメーションの再生と一時停止	・running(初期値)…再生中 ・paused…一時停止

プロパティーをまとめて記述

キーフレームアニメーションもトランジションと同様に、まとめて記述可能です。その際、animationプロパティーを使用し、各プロパティーの値をスペースで区切って指定します。いくつかの項目は省略できますが、animation-nameとanimation-durationは必ず指定しないと動作しません。記述の順序は以下の通りです。

1. **animation-name**
2. **animation-duration**
3. **animation-timing-function**
4. **animation-delay**
5. **animation-iteration-count**
6. **animation-direction**
7. **animation-fill-mode**
8. **animation-play-state**

記述例

CSS

```
animation: nice-name 5s ease-in 1s infinite forwards;
                1     2    3    4     5        7
```

以下の記述と同じ意味になります。

CSS

```
animation-name: nice-name;  1
animation-duration: 5s;  2
animation-timing-function: ease-in;  3
animation-delay: 1s;  4
animation-iteration-count: infinite;  5
animation-fill-mode: forwards;  7
```

JavaScript アニメーションの基礎

[デモファイル]
C2-05-demo

JavaScriptを使ってアニメーションを指定すると、さまざまな関数やイベントと組み合わせることができ、より柔軟で多彩な表現が実現します。ここでは、基本的な書き方を確認していきましょう。

Web Animations API

Web Animations API（ウェブアニメーションAPI・WAAPI）は、ほかのライブラリーを使わずにJavaScriptでアニメーションを実装できる仕様です。要素に対して、CSSのプロパティーや値のようにどの部分を変化させるかを指定します。開始時と終了時の値を設定するだけで、その間の値が自動的に補完され、スムーズな動きを実現します。この仕組みを**キーフレーム**と呼びます。これはCSSでのアニメーションも同様ですね。
例えば、「透明な要素が不透明になる」というアニメーションを作成する場合、開始時に透明、終了時に不透明と指定するだけで、再生時間に応じて透明度が変化します。途中の時点では、透明度が50%になるように自動的に調整されます。

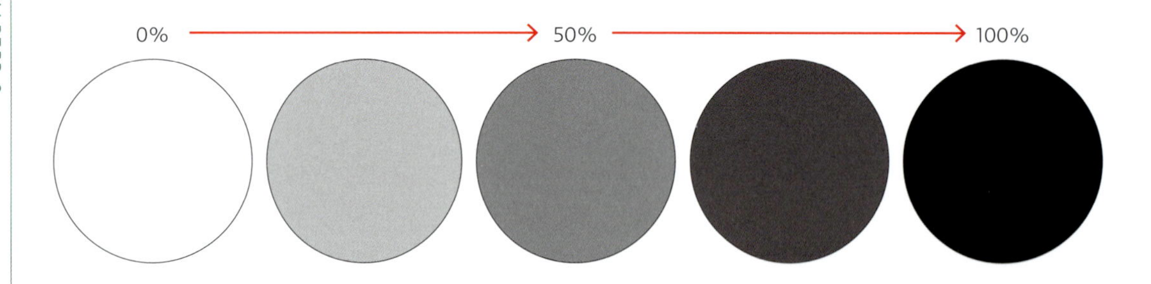

基本の書き方

基本的な構文は以下の通りです。アニメーションさせたい要素に対し、animate()メソッドを使って指定します。括弧内には、第一引数としてアニメーションの内容（キーフレーム）、第二引数に再生時間などのタイミングオプションを指定し、これらをカンマで区切って記述します。

JavaScript

```
要素.animate(キーフレーム, タイミング);
```

それぞれの役割や指定方法を見ていきましょう。

要素

実際に動かしたい要素を指定します。HTML内のbody要素に指定する場合はdocument.bodyと指定します。
ほかの特定のタグや、特定のIDを持つ要素を取得するには、querySelector()を使用します。JavaScriptの基本的な文法は**オブジェクト.メソッド('パラメーター')**の形をとるため、IDを使ってHTML要素を取得する場合も、このルールに従って3つのパーツで構成されています。

JavaScript
```
document.querySelector('セレクター')
```

パラメーター
```
document.querySelector('セレクター')
```
オブジェクト　メソッド

documentオブジェクトはHTML全体を表していて、その中から指定したセレクター(=パラメーター)に該当する要素を取得する(=メソッド)、という役割を持っています。
ここで使うセレクターの書き方は、CSSでの記述と同じです。例えば、IDを指定する場合は「#ID名」、クラス名を指定するなら「.クラス名」のようになります。

キーフレーム(動きの内容)

animate()の第一引数には、動きの内容、キーフレームを指定します。プロパティーの記述方法はCSSと同様ですが、JavaScriptの文法に合わせて、CSSのハイフン(-)がつくプロパティー名はハイフンを取り除き、次の文字を大文字にします(例:font-size → fontSize)。
値は、最低でも開始点と終了点の2つを指定します。オブジェクトに指定する値は、どんなデータ型でも使えるため、ここでは角括弧[]で囲んだ配列として指定します。

JavaScript
```
要素.animate({
        キー(プロパティー名): ['開始の値', '終了の値'],
}, 再生時間);
```

キーフレームのオブジェクトは、上記のように直接丸括弧内に記述することもできますが、キーフレームだけを定数として別にまとめておき、animate()メソッドでその定数を呼び出す方法もあります。下の例では定数名をkeyframesとしていますが、もちろん名前は自由に変更可能です。

JavaScript
```
const keyframes = {
        キー(プロパティー名): ['開始の値', '終了の値'],
};
要素.animate(keyframes, 再生時間);
```

タイミング(再生時間)

animate()の第二引数では、アニメーションの再生時間や繰り返し回数などを指定します。必須なのはアニメーションの再生時間を示すdurationで、ほかに指定がなければこの値だけでも大丈夫です。単位はミリ秒で、例えば1秒なら1000ミリ秒となるため、1000と記述します。
もしほかのオプションを指定する場合は、キーフレームと同様に配列の形式で指定することができます。

プロパティー	意味	指定できる値
delay	アニメーションの開始を遅らせる時間	ミリ秒の数値(初期値は0)
direction	アニメーションを実行する方向	・normal…通常の方向で再生(初期値) ・alternate…奇数回で通常の方向、偶数回で反対方向に再生(行って帰って行って帰って…という具合) ・reverse…逆方向に再生 ・alternate-reverse…alternate の逆方向に再生
duration	アニメーションの再生時間	ミリ秒の数値
easing	アニメーションが変化する速度やタイミング	・linear…一定の速度で変化(初期値) ・ease…開始時と終了時は緩やかに変化 ・ease-in…最初はゆっくり、だんだん速く変化 ・ease-out…最初は速く、だんだんゆっくりと変化 ・ease-in-out…開始時と終了時はかなり緩やかに変化 ・steps()…段階ごとに変化 ・cubic-bezier()…ベジェ曲線の座標に沿って変化
fill	アニメーションの再生前後の状態	・none(初期値) ・forwards…再生後、最後のキーフレームの状態を保持 ・backwards…再生前、最初のキーフレームの状態を適用 ・both…forwards と backwards の両方を適用
iterations	アニメーションを繰り返す回数	・数値(初期値は1) ・Infinity※…無限ループ

※Infinityは文字列ではなくJavaScriptの予約語なので、ダブルクォーテーションで囲まず、1文字目は大文字にします。"Infinity"や"infinity"と書くと動作しません

次ページのコードでは、bodyの背景色を薄いピンク#fccから濃いピンク#f66に3秒かけて変化させ、アニメーションが終わったら終了時の値で停止します。
単純なJavaScriptコードなので、HTMLファイルの中に<script>タグで囲んで記述してみましょう。

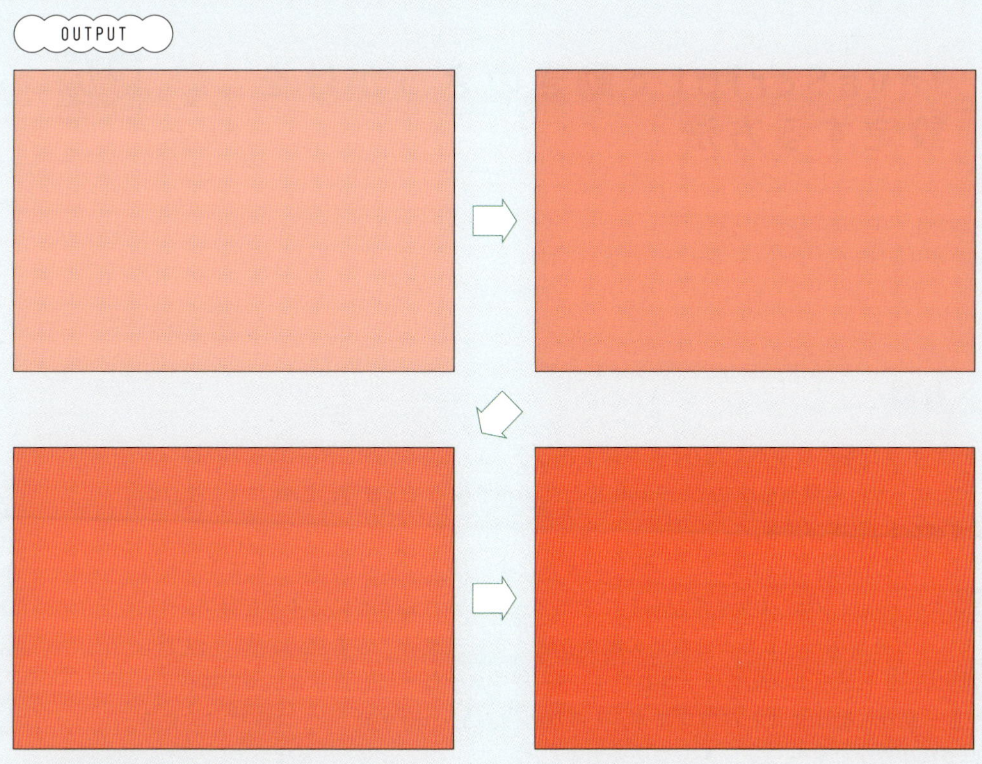

少しずつ色が濃くなり、#f66の色になってアニメーションが止まります

記述例

HTML https://codepen.io/manabox/pen/gOVdpMr/

```
<body>
    <script>
        // body 要素にアニメーションを加えるよ
        document.body.animate(
            {
                // 背景色を #fcc から #f66 に変化させる
                background: ["#fcc", "#f66"],
            },
            {
                // 終了時の状態で止める
                fill: "forwards",
                // 3000ミリ秒(=3秒)かけてアニメーション
                duration: 3000
            }
        );
    </script>
</body>
```

JavaScriptで動きのきっかけを設定する方法

[デモファイル]
C2-06-demo

ボタンをクリックしたり、ページをスクロールしたり……。そんな普段の操作が、アニメーション開始の合図になります。CSSアニメーションとの違いを押さえつつ、JavaScriptでユーザーの動きに合わせたアニメーションを自由にコントロールする方法を見ていきましょう。

イベントとは

JavaScriptでは、ボタンをクリックしたり、テキストボックスに入力したり、ページをスクロールしたりといったユーザーの操作を検知し、それに応じて動作を実行できます。このような操作のきっかけを**「イベント」**と呼びます。
CSSアニメーションとJavaScriptアニメーションの大きな違いは、この「イベント」を使うかどうかです。CSSアニメーションは、スタイルシートにアニメーションの動きを記述するだけで、ページが読み込まれたときやホバーしたときなどの簡単なきっかけで実行できます。JavaScriptアニメーションは、ユーザーがボタンをクリックしたり、ページをスクロールしたりといった操作（＝イベント）をきっかけに動かすことができます。そのため、JavaScriptを使うと、ユーザーの動きに応じた複雑で自由なアニメーションを実装できます。

イベントの仕組み

リンクやボタンのクリック、キーボード操作、スクロール、ページの読み込みなど、さまざまなタイミングでブラウザーにイベントが発生します。JavaScriptには、こうしたイベントが起こった瞬間に、あらかじめ設定しておいた処理を実行する仕組みが備わっています。ここでは例として、次のようなイベントを設定してみましょう。

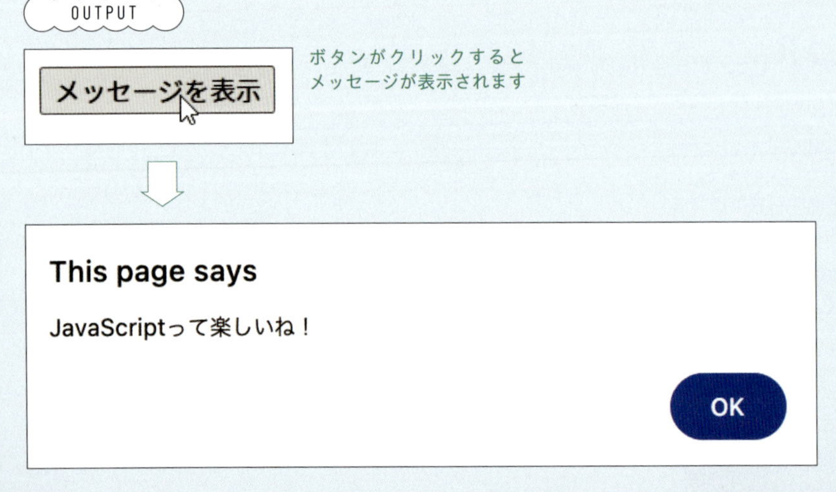

ステップ1 処理の登録

イベントを設定するには、addEventListener()メソッドを使います。まず対象となる要素を指定し、その後ドット(.)でつなげてaddEventListener()を記述します。メソッドの括弧内には、発生させたいイベントの種類と、イベントが起きたときに実行する処理をカンマ(,)で区切って指定します。つまり、「どの要素が」「どのようなタイミングで」「どのような動作をするか」を、このaddEventListener()メソッドで一括して記述します。

JavaScript

```
どの要素が.addEventListener(どのようなタイミングで, どのような動作をするか);
```

例えば、「ボタン(btn)がクリックされたらメッセージ(message)を表示する」という処理を登録したとします。この処理はその場ですぐに実行されるわけではなく、あくまで「準備されている状態」だと考えるとわかりやすいです。

記述例

HTML

```
<button id="btn">メッセージを表示</button>
```

JavaScript

```
// ボタンの定義
const btn = document.getElementById('btn');

// メッセージの表示を定義
const message = () => {
  alert('JavaScriptって楽しいね！');
};

// イベント
btn.addEventListener('click', message);
```

ステップ2 ブラウザーがイベントの発生を監視

ブラウザーは常にイベントが起こるタイミングを監視しています。

ステップ3 イベントが起きたことを検知

イベントが発生したらプログラムに通知します。この例だと、ボタンがクリックされると、ブラウザーが「イベント発生！ クリックされました！」とプログラムに知らせます。

ステップ4 登録済みの処理を実行

ステップ1で事前に設定しておいた処理が呼び出され、実行されます。

よく利用されるイベントの種類

イベントには多くの種類があり、実は私たちが日常で行っている操作にも、さまざまなイベントが発生しています。ここでは、特によく使われるイベントについて紹介します。

イベント名	発生するタイミング
load	スタイルシートや画像など、すべてのリソースの読み込みが完了したとき
submit	フォームが送信されるとき
reset	フォームがリセットされるとき
resize	画面のサイズが変わったとき
scroll	画面がスクロールされたとき
copy	コピーされたとき
paste	ペーストされたとき
keydown	キーが押されたとき
keyup	キーが離されたとき
click	クリックされたとき
dbclick	ダブルクリックされたとき
mousedown	マウスのボタンが押されたとき
mouseup	マウスのボタンが離れたとき
mouseover	ホバー(マウスカーソルを乗せた状態)したとき
mouseout	マウスカーソルが離れたとき
select	テキストを選択したとき
focus	要素にフォーカスされたとき
blur	要素のフォーカスがはずれたとき
input	入力されたとき
change	変化があったとき

デベロッパーツールを使ってみよう

Google Chromeには、Webサイト制作に便利な機能がまとめられた「デベロッパーツール」がはじめから搭載されています。このデベロッパーツールは、「開発者ツール」や「DevTools」といった呼び方でも知られていますね。同様の機能は、Chrome以外のブラウザー（FirefoxやSafari、Microsoft Edgeなど）にも用意されていますが、本書ではChromeのデベロッパーツールを使ってみましょう。

デベロッパーツールを開く

まずは Chrome でデベロッパーツールを起動させましょう。Webページ内のどこでもいいので右クリックし、[検証]を選択します。

https://www.webcreatormana.com/

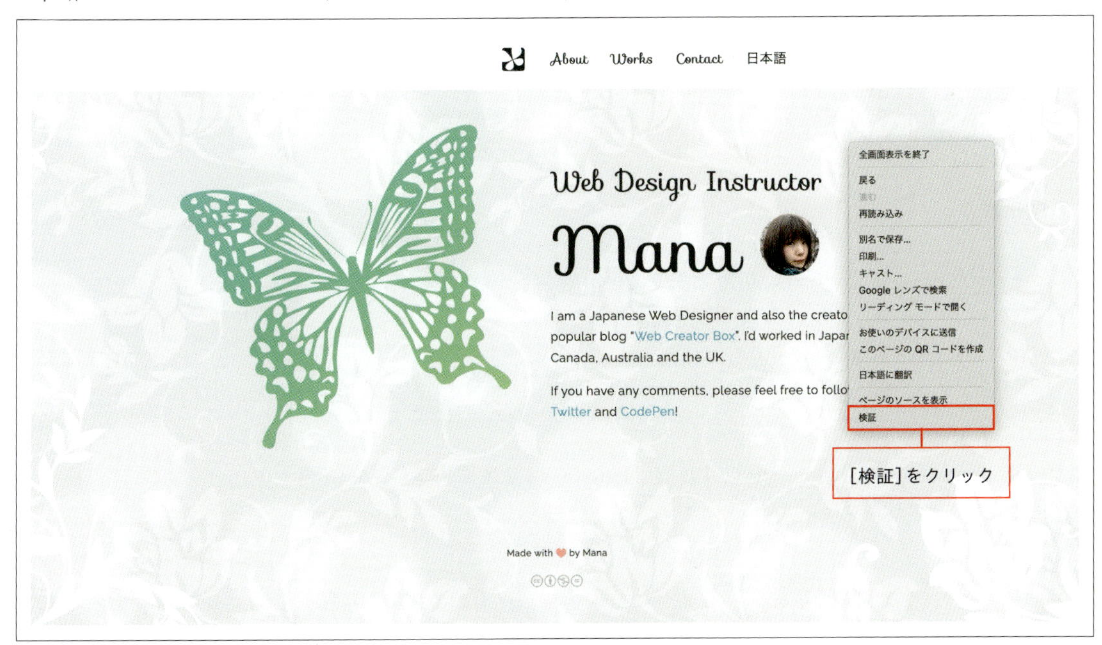

デベロッパーツールは、次のショートカットキーでも起動できます。Windowsは[Ctrl]+[Shift]+[I]キーまたは[F12]キー、Macは[⌘]+[⌥]+[I]キーまたは[F12]キー。覚えておくと便利です。

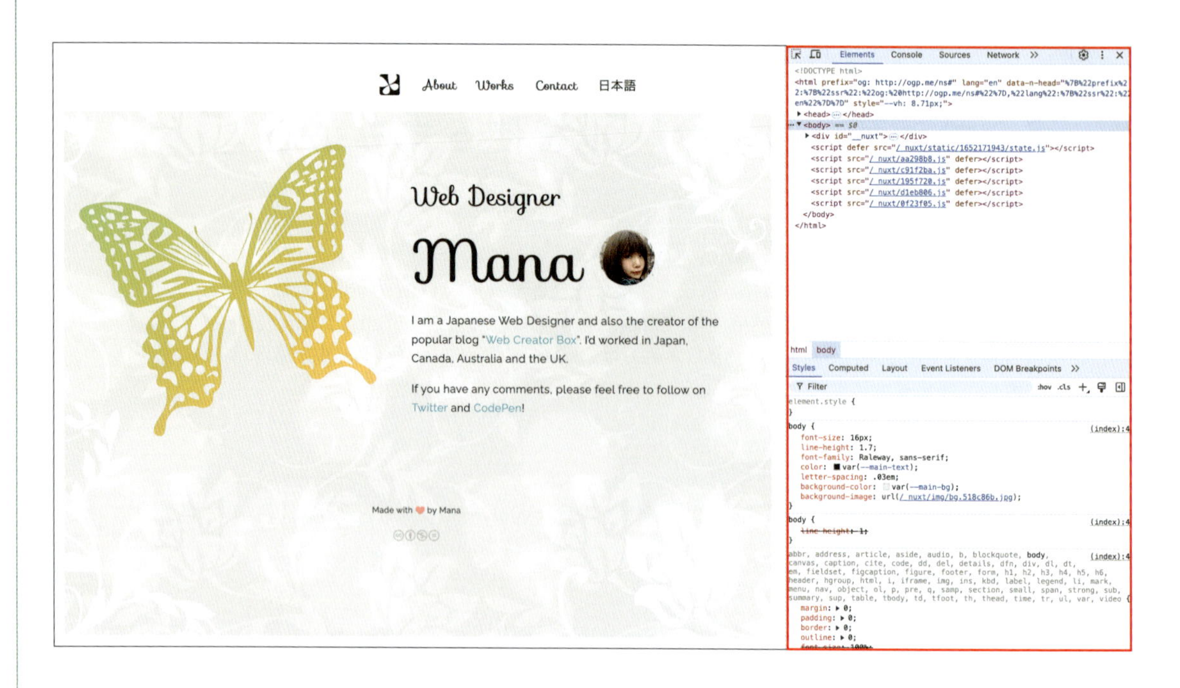

すると、上のような感じでパネルが表示されます。これがデベロッパーツールです。英語だらけでびっくりしてしまうかもしれないので、先に日本語化しておきましょう。

日本語化する

Chromeのデベロッパーツールは、初期設定では英語表示ですが、日本語に切り替えられます。

1. デベロッパーツールを開いたら、右上に表示される歯車アイコン❶をクリックしてください。

2. [Preferences] にある [Language] の項目を [Japanese - 日本語] ❷に変更し、右上の [×] アイコン❸をクリックします。

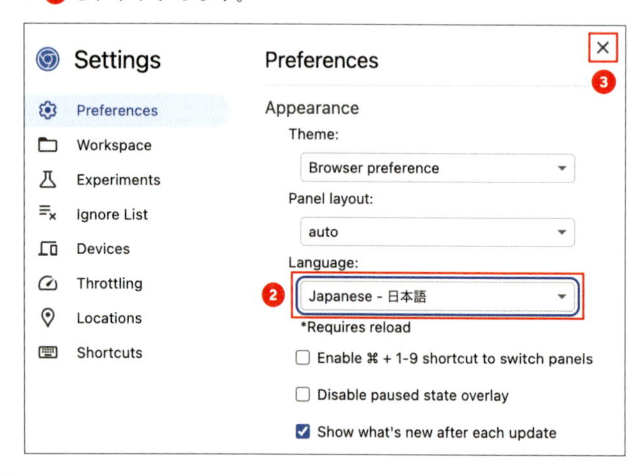

3 上部に［Reload DevTools］ボタン❹が表示されているので、クリックしてデベロッパーツールを再起動します。

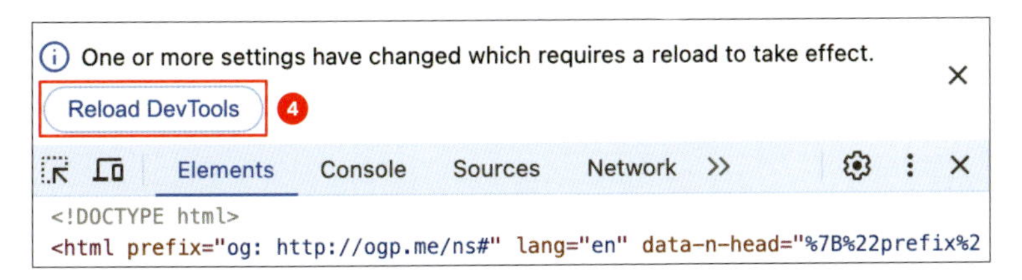

4 これでデベロッパーツールのメニューなどが日本語になりました！ 使いやすいですね！

基本的な使い方

デベロッパーツールで最初に使うのは、画面上の［要素］タブと画面下の［スタイル］タブです。はじめのうちは主にこの2つのパネルを見ていくことになります。［要素］タブではHTMLが、［スタイル］タブではCSSが表示されます。

1 まずパネルの左上にある四角と矢印のアイコン❶をクリックします。

2 その後、画面上の検証したい箇所をクリックします❷。すると「選択モード」になり、その要素のHTML❸と、適用されているCSS❹が表示されます。

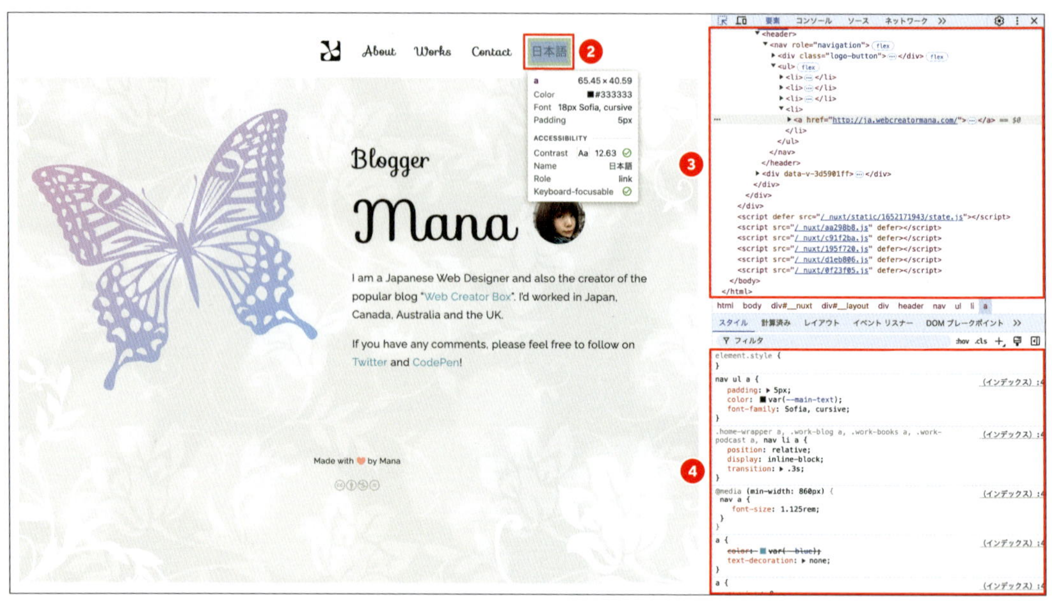

検証したい箇所をクリック。範囲が薄い青色で表示されます

デベロッパーツールでスタイルを確認する

HTMLを確認したときと同じように、デベロッパーツールの左上のアイコンから検証したい要素を選択すると、[スタイル]タブにその箇所に適用されているCSSが表示されます。
上記の例だと、nav ul aに対して以下のCSSが加えられているのがわかります。

記述例

CSS

```css
nav ul a {
    padding: 5px;
    color: var(--main-text);
    font-family: Sofia, cursive;
}
```

CSSのエラーをチェック

検証中に、プロパティーの横に三角形の注意アイコンが表示されることがあります。これは記述ミスが原因で、スタイルが反映されていないことを示しています。「書いたCSSが反映されない！」という場合も、慌てずにデベロッパーツールを使って原因を探りましょう。スペルミスがないか、正しいプロパティーと値が設定されているか、もう一度チェックしてみてくださいね。

```
a {
⚠ pading: 1rem;
  text-decoration: ▶ none;
}
```

この例だと、paddingのスペルを間違えています

打ち消し線の意味

[スタイル]タブに表示されるCSSの中には、三角形の注意アイコンが表示されていないにもかかわらず、打ち消し線がついているものがあります。これは、そのCSSが何らかの理由で適用されていないことを意味します。主な原因として、同じ要素に対して同一プロパティーが複数指定されており、その中で優先順位が低いために無効化されている場合が多いです。

```
@media (min-width: 860px) {
 nav li {
    margin: ▶ 0 10px;
 }
}

nav li {
   margin: ▶ 5px 0;
}
```

この例だとmargin: 5px 0;が打ち消されています。これはメディアクエリーで指定したmargin: 0 10px;のほうが優先順位は高いため、margin: 5px 0;が適用されていません。CSSではファイル内で下のほうに書かれている指定が優先されます

スタイルを非表示にする

［スタイル］タブでは、各プロパティーの左側にチェックボックスが表示されています。このチェックをはずすことで、そのスタイルを一時的に無効化できます。デザインが崩れている原因を調べたいときや、どの記述が問題を引き起こしているか確認したいときに便利です。チェックをはずした際に見た目が正常になれば、そのプロパティーが原因ということですね。

チェックを入れたり、はずしたりして見え方を確認しましょう。通常はこのように表示されます

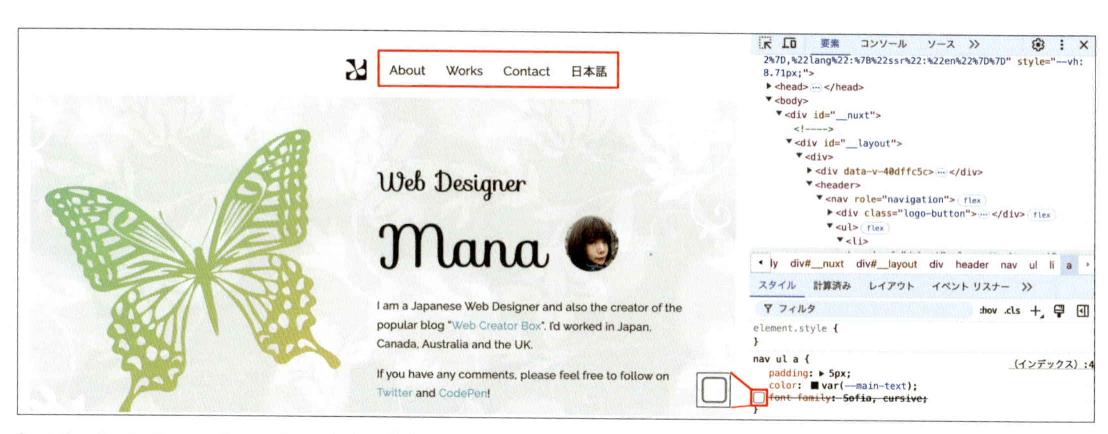

font-family: Sofia, cursive;のチェックをはずすと、画面上部のメニューに適用されていたフォントの指定が無効化されます

モバイルやタブレットでの見え方を確認する

デベロッパーツールを使えば、モバイルやタブレットサイズなど、異なる画面幅での表示も確認できます。

1 まず、検証用アイコンの右隣にある、デバイスの切り替えアイコン❶をクリックして、画面をモバイル表示に切り替えましょう。

2 画面上部に表示されるデバイス名❷をクリックすると、ほかのデバイスや解像度が一覧で表示され、選択して切り替えられます。

3 モバイルサイズは縦長表示になるため、デベロッパーツールのレイアウトを変更するとさらに確認しやすくなります。右上の3点リーダー([DevToolsのカスタマイズと管理]) ❸ をクリックし、パネル右上からレイアウトを調整してみてください。一番右の[右に固定] ❹ にすると画面が見やすく、使いやすくなりますね。

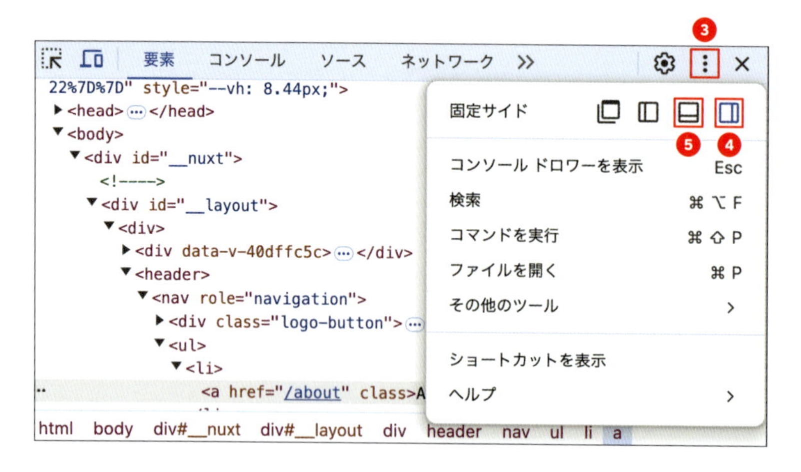

4 前の画面で[下部に固定] ❺ に設定すると、このような状態になります。

アニメーションの確認をする

[アニメーション]タブは、Webページに実装されているCSSアニメーションを視覚的に確認し、リアルタイムで調整できる強力なツールです。アニメーションがどのように動いているかを細かくチェックし、再生スピードを調整したり、タイミングやイージングを変更して確認したりすることができます。初心者でも直感的に使えるデザインになっているので、これを使えば一歩先のアニメーションデザインを作ることができます。

1 デベロッパーツール内の上部メニューから3点リーダー❶をクリックし、[コンソールドロワーを表示]❷をクリックします。

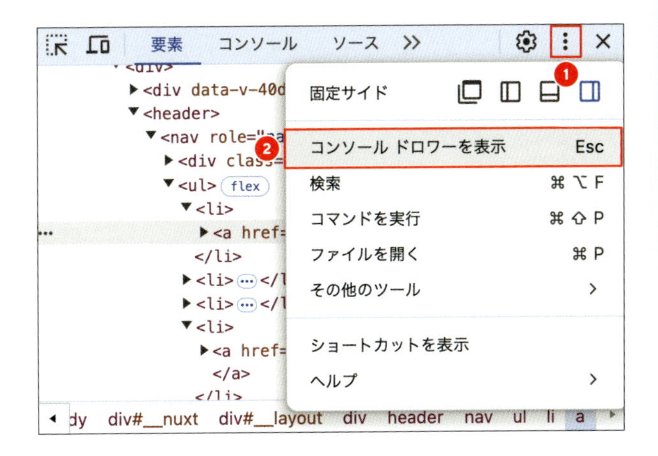

2 [アニメーション]タブ❸をクリックします。

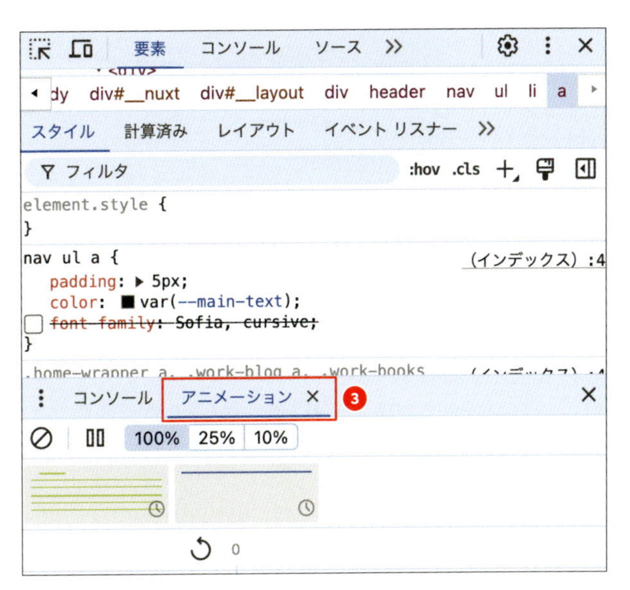

3 [アニメーション]タブが見当たらない場合は、左側の3点リーダー([その他のツール])❹をクリックし、[アニメーション]❺を選択します。

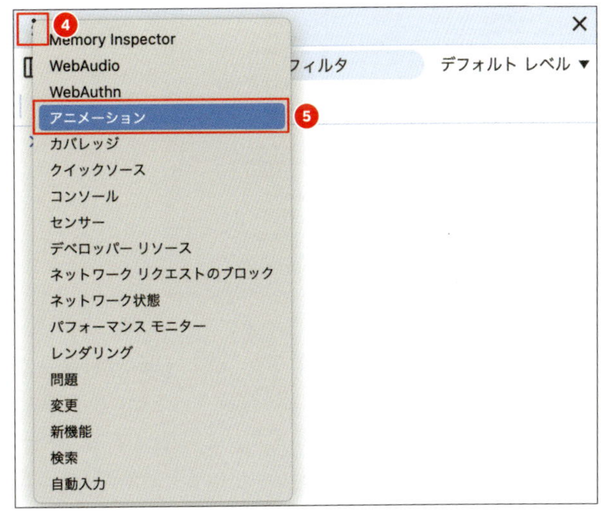

[アニメーション]タブでできること

アニメーションの視覚化

ページ内で再生されているアニメーションがタイムライン形式で表示されます。これにより、どのタイミングでどのアニメーションが動いているのか、ひと目で確認できます。

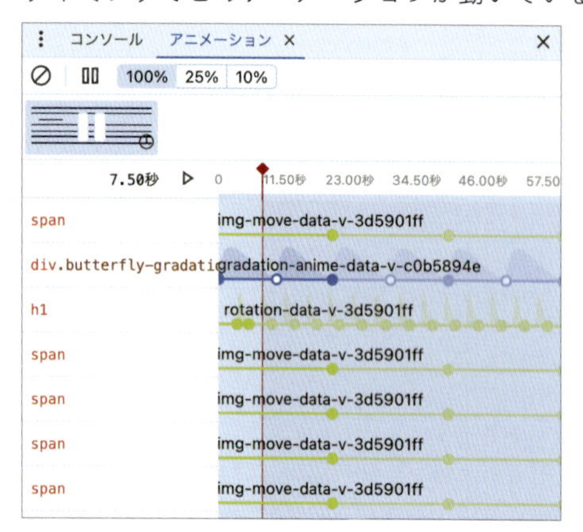

再生スピードの変更

アニメーションの再生速度を100%から25%や10%などのスローモーションにして、動きをじっくり観察することができます。「この動き、少し速すぎるかも…？」と思ったら、ここでスピードを調整して確かめましょう。

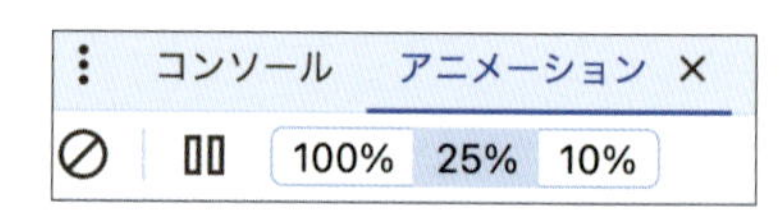

タイミングの調整

各タイムラインの円を左右にドラッグして、アニメーションの「開始時間」「終了時間」などを変更できます。1つひとつの要素や、全体の動きの印象がどう変わるかをすぐに確認できます。

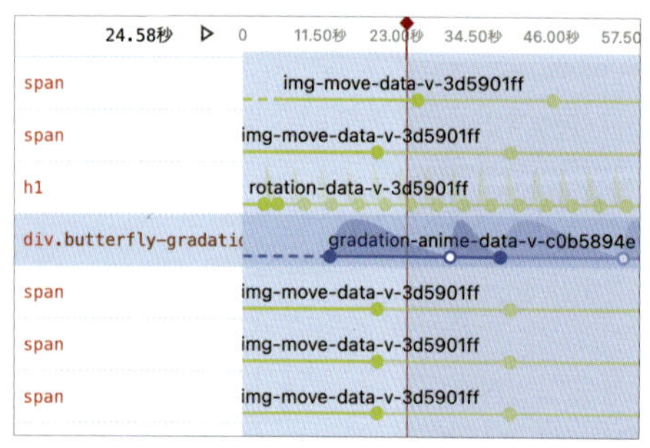

デベロッパーツールは多機能なので、「使わず嫌い」になってしまいがち。しかしそれではもったいないです。最初は「とりあえず触ってみる！」という気持ちで大丈夫です。いろいろ試していくうちに、「こんなCSSになっているんだ」「こうやってアニメーションが動いているんだ」と気づくことがたくさんあるはずです。ちょっとした変化を確認するだけでも楽しくなりますよ！

うまく動かないときの確認リスト

コードを書くときにミスをまったくしない人などいません。コードが思ったように動かないときは、焦らずに原因を見つけて解決していきましょう。特に最初の頃は、スペルミスや入力漏れがエラーの原因になりやすいものです。経験を重ねることでエラーの頻度は徐々に減るはずですが、それでも「なぜか動かない……」という状況に出くわすこともあるでしょう。そんなときは、このチェックリストを活用して、1つずつ原因を突き止めてみてください。

よくある記述ミスチェックリスト

まずは、以下のチェックリストを基に確認しましょう。

チェック	現在の状態	考えられる原因
□	記述したコードが反映されない	ファイルが保存されていない
□		作業中のファイルとは別のファイルをプレビューしている
□		コードのスペルミスがある
□	よくわからないけれど表示が変	正しいタグや属性の記述になっていない
□		開始タグと閉じタグの数が一致していない
□		閉じタグが正しい場所に記述されていない
□		HTMLの文法エラーがある
□		デベロッパーツールで表示がおかしい箇所がある
□	CSSが適用されない	HTMLのheadタグ内でCSSファイルを読み込む指定をしていない
□		CSSファイルへのファイルパスが間違っている
□		CSSのファイル名が間違っている
□	特定の箇所のCSSが適用されない	HTMLで指定したクラス名やタグ名と、CSSのセレクター名が一致していない
□		クラス名やタグ名、セレクター名にスペルミスがある
□		値の後にセミコロン(;)を記述していない
□		HTMLファイルに全角スペースが混ざっている
□		正しいプロパティー、値の記述になっていない
□	画像が表示されない	画像のファイルパスが間違っている
□		画像のファイル名が半角英数字になっていない(環境によってはうまく表示されないことも)
□		画像のファイル名にスペースが入っている
□		指定している画像の拡張子が違う
□		画像が正常に保存されていない(画像ファイル自体が破損している可能性も)

チェック	現在の状態	考えられる原因
□	プレビューで見ると謎の余白がある	デベロッパーツールで余白部分がある
□		marginやpaddingなど、意図しない余白の指定が適用されている
□		HTMLファイルに全角スペースが混ざっている

デベロッパーツールのコンソールをチェック

JavaScriptを使うときは、デベロッパーツールを活用しましょう。エラーが発生している場合、画面の右上に赤い×マークが表示され、[コンソール]タブで詳しい情報を確認できます。そこには、エラーが発生しているファイル名や行数も記載されています。
エラーメッセージは基本的に英語なので、英語が苦手な場合は翻訳ツールを使うと便利です。また、エラーメッセージをそのままコピーして検索するのもよい方法です。どんなエラーが起きているのかを正確に理解することがポイントです。

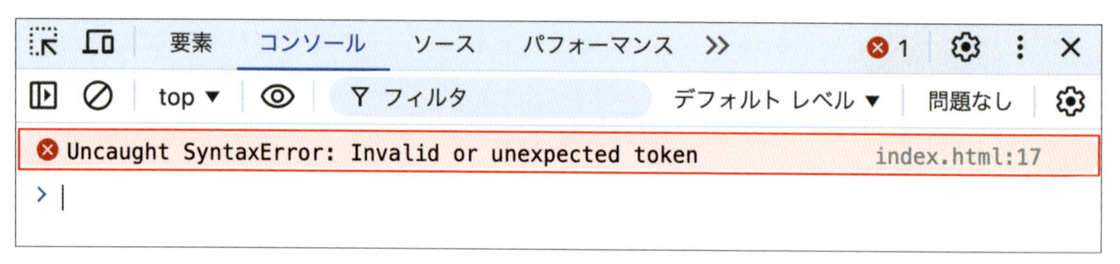

必要な記号がなかったり、正しい記述方法ではなかったりしたときは、上のようなエラーが表示されます。指摘されたファイルの行を再確認しましょう。上の例ではindex.htmlの17行目にエラーがあることが示されています

サンプルコードとの違いを確認

本書ではサンプルコードを用意していますが、「本の通りに書いたはずなのにエラーが出る！」という声をよく耳にします。実際には、ほとんどの場合でどこかに書き間違いがあります。ただし、小さなミスは自分ではなかなか気づきにくいものです。そんなときに役立つのが、「difff《ﾃﾞｭﾌﾌ》」というサービスです。このツールでは、2つのテキストを入力すると、その違い（差分）を視覚的にハイライトして表示してくれます。
使い方は簡単で、左側に自分が書いたコードを、右側に書籍のサンプルコードをそれぞれコピー&ペーストしてから[比較する]ボタンを押すだけです。どこが異なっているのかを、ひと目で確認できます。

difff《ﾃﾞｭﾌﾌ》

https://difff.jp/

CHAPTER

3

印象に残るボタン

Webサイトの中でも重要なパーツであるボタンは、
アニメーションを使ってさらに引き立てられます。
このChapterでは、背景色がふわっと変わる演出や押し込みアクション、
ラインの動きやキラキラ感など、思わず押したくなるボタンのアイデアと、
魅力的に見せるコツを集めました。

ボタンの役割

ボタンとは、ユーザーが何らかの行動を起こすためのUIパーツです。Webサイト内では、フォームの送信や商品の購入、次のページへの遷移など、いろんな役割を果たします。また、ボタンはユーザーを「次のステップ」へと自然に誘導する重要な要素でもあります。適切に配置されたボタンは、ユーザーの行動をスムーズにし、Webサイト全体の目的達成を助ける欠かせない存在です。

カートに入れる

最も重要な[カートに入れる]ボタンを大きく濃い色で表示して、ほかのボタンと差別化しています

ボタンが重要な理由

ボタンは、Webサイト上でユーザーの視線を集めます。特に目立つ色やデザインを用いたボタンは、ユーザーに「ここをクリックしてほしい」という視覚的な指示を効果的に伝えられます。また、適切にデザインされたボタンはクリック率を向上させ、Webサイトの目的達成に貢献します。さらに、直感的で使いやすいボタンは、ユーザーに快適な体験を提供し、Webサイト全体の満足度も向上するでしょう。

適切なボタンがないとどうなるの？

適切なボタンがないと、ユーザーは次に何をすべきか迷ってしまいます。例えば、どこをクリックすればよいのかわからない状況では、Webサイトの目的である商品の購入や問い合わせが達成されにくくなります。これにより、ユーザーが離脱する可能性が高まり、Webサイトの滞在時間や満足度の低下を招いてしまいます。

アニメーションがボタンに与える効果

目を引くためのアニメーション

ボタンにアニメーションを加えることで、静的なボタンよりも視覚的なインパクトが増し、ユーザーの目に留まりやすくなります。さらに、アニメーションは「ここをクリックしてほしい」ということが視覚的にわかりやすいため、ユーザーに行動を促す心理的な効果を生み出します。

Bluesky (SNS)

https://bsky.app/

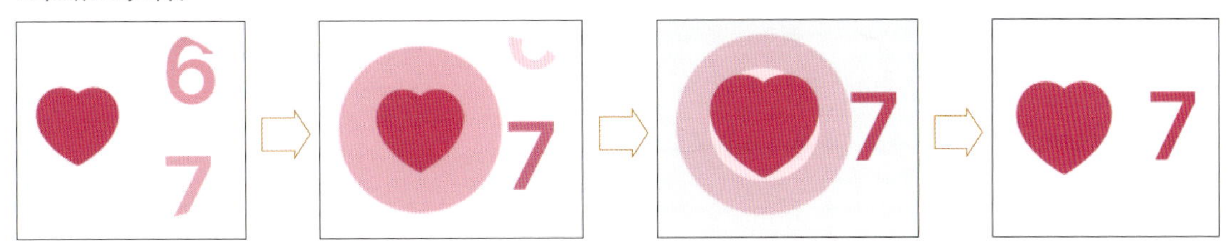

「いいね！」を意味するハートを押すと、ふわっとふくれるアニメーションが見られます

使用感の演出

ボタンをクリックしたり、ホバーしたりした際に、押し込まれるような動きや色の変化などのアニメーションがあると、ユーザーはその操作が成功したことを直感的に感じられます。このようなフィードバックは、行動したことの達成感を生み出し、より満足度の高いユーザー体験を与えられます。

株式会社レベルゼロ

https://levelzero.co.jp/

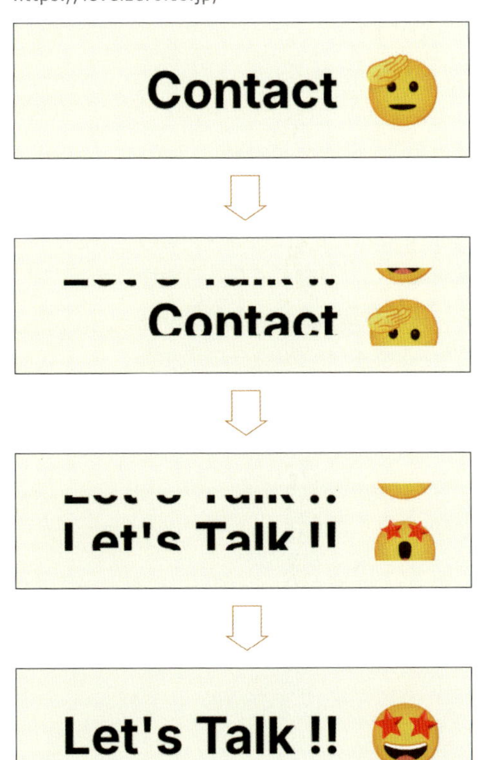

問い合わせへのボタンでは、ホバーするとクルッと回転し、楽しげな笑顔に変化します

印象に残るデザイン

アニメーションは、単にボタンを目立たせるだけでなく、ブランドの個性を表現する手段としても効果的です。独自性のある動きや洗練されたアニメーションは、サイト全体の印象を強化し、ユーザーに忘れられない体験を与える重要なデザイン要素となります。

北海道奈井江町のゲストハウス「泊まれる音楽室」

https://tomareru-ongakushitsu.net/

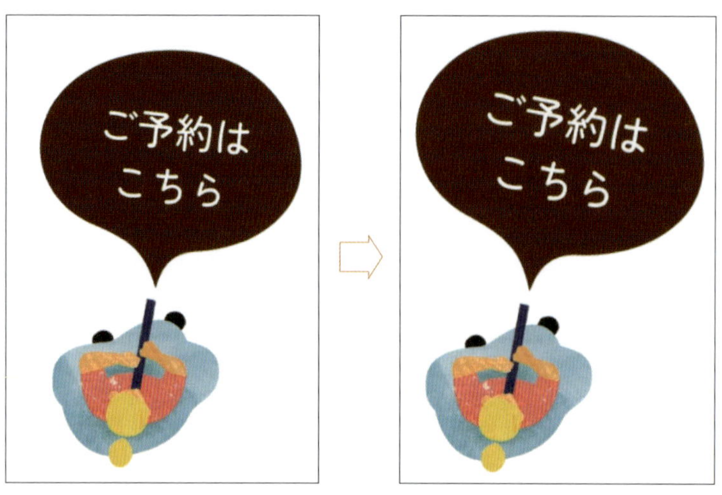

予約を促すボタンからも親しみやすさが感じられます

アニメーションが不要な場合も

アニメーションは効果的なデザイン要素ですが、使いすぎると逆効果になることもあります。過剰なアニメーションはユーザーに混乱を与え、Webサイトの目的や情報が伝わりにくくなる可能性があります。また、すべてのボタンを目立たせようとすると、かえって重要なアクションが埋もれてしまうこともあります。アニメーションは適切なタイミングや場所で控えめに使い、ユーザー体験を損なわないよう注意することが大切です。

背景色をふわっと変える

[デモファイル]
C3-02-demo

ボタンの背景色がふわっと変わるアニメーションは、視覚的な心地よさを提供し、ユーザーの注目を集める効果があります。CSSだけで簡単に実現でき、クリックやホバーといった動作に応じて動きを追加することで、ボタンがより魅力的で操作しやすくなります。

基本編：背景色をスムーズに変える

このコードでは、transitionプロパティーを使用して背景色がスムーズに変わるアニメーションを実装しています。ボタンの通常状態の背景色をbackground-color: #0bdに設定し、ホバー時に#05bに変更します。0.3s easeは、変化が0.3秒でなめらかに行われる設定です。

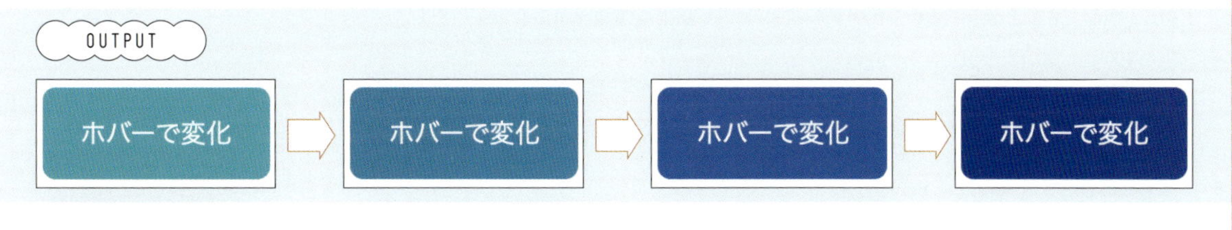

記述例

HTML

```html
<button class="fade-button">ホバーで変化</button>
```

CSS

```css
.fade-button {
  padding: 1rem 1.5rem;
  font-size: 1rem;
  border: none;
  border-radius: 8px;
  background-color: #0bd;
  color: #fff;
  cursor: pointer;
  transition: background-color 0.3s ease; /* 背景色の変化をアニメーション */
}
.fade-button:hover {
  background-color: #05b; /* ホバー時の背景色 */
}
```

応用編：背景色を一時的に変化させる

下の例では、JavaScriptを使うことで、クリックしたときに背景色が一時的に変化するようにしました。JavaScript内のaddEventListenerメソッドでクリックイベントを監視し、style.backgroundColorを変更しています。また、setTimeoutを使って0.5秒後に元の色に戻す設定をしています。動的なエフェクトがほしいときに便利です。

記述例

HTML

```html
<button id="fade-button-js">クリックで変化</button>
```

CSS

```css
#fade-button-js {
  padding: 1rem 1.5rem;
  font-size: 1rem;
  border: none;
  border-radius: 8px;
  background-color: #07f;
  color: #fff;
  cursor: pointer;
  transition: background-color 0.3s ease;
}
```

JavaScript

```javascript
const btn = document.querySelector('#fade-button-js');
btn.addEventListener('click', () => {
  btn.style.backgroundColor = '#05b'; // クリック時の背景色
  setTimeout(() => {
    btn.style.backgroundColor = '#07f'; // 元の色に戻す
  }, 500); // 0.5秒後に色を戻す
});
```

背景色や速度をカスタマイズする

背景色を変更

CSSのbackground-colorや、JavaScriptのbackgroundColorの値を変更することで、好きな色にアレンジできます。例えば、次のコードではパステルピンクに設定します。

OUTPUT

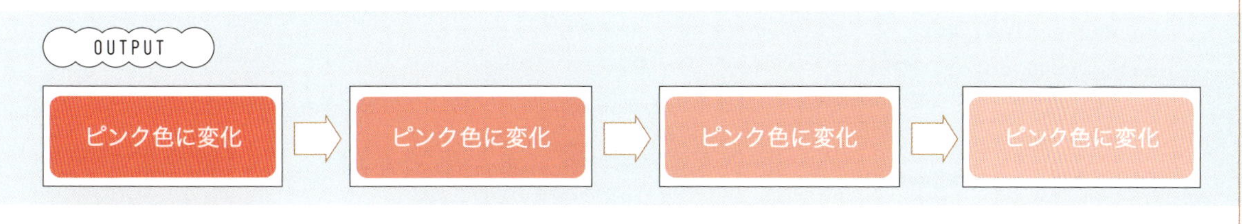

記述例

CSS

```
.fade-button-pink {
  transition: background-color 0.3s ease;
  background-color: #f77;
}
.fade-button-pink:hover {
  background-color: #fcc;
}
```

カスタマイズポイント：通常時の背景色

カスタマイズポイント：ホバー時の背景色

アニメーション時間を調整

CSSのコードにあるtransitionプロパティーの0.3sを0.5sや1sに変更して、変化の速度を調整してみましょう。

JavaScriptの応用例

JavaScriptでは、クリック時に背景色をランダムに変えることもできます。

OUTPUT

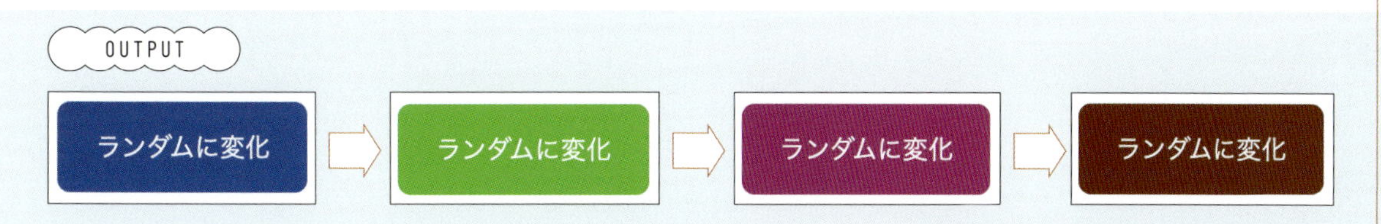

記述例

CSS

```css
#fade-button-random {
  padding: 1rem 1.5rem;
  font-size: 1rem;
  border: none;
  border-radius: 8px;
  background-color: #07f;
  color: #fff;
  cursor: pointer;
  transition: background-color 0.3s ease;
}
```

transitionプロパティーで変化の速度を調整

JavaScript

```javascript
const btnRandom = document.querySelector('#fade-button-random');
btnRandom.addEventListener('click', () => {
  const randomColor = `#${Math.floor(Math.random() * 16777215).toString(16)}`;
  btnRandom.style.backgroundColor = randomColor;
});
```

Math.floorやMath.random、toStringなど、見慣れないコードが並んでいますね。これらによって、ランダムな16進数のカラーコード（例：#ff5733）を生成します。Math.random()で0以上1未満のランダムな数を取得し、これを16進数の最大値#FFFFFF（10進数で16777215）にかけることで、ランダムな数値を作ります。Math.floor()を使って小数点を切り捨てた後、.toString(16)で16進数に変換します。最後にテンプレートリテラルを使い、#をつけて完成です。このコードにより、クリックするたびランダムな背景色を作ることができます。

背景が流れる

［デモファイル］
C3-03-demo

ボタンの背景が左右へスムーズに流れるアニメーションは、動きのあるスタイリッシュなデザインを作るのに最適です。CSSのみで簡単に実装でき、さらにJavaScriptを加え、動きをよりインタラクティブにカスタマイズすることも可能です。

基本編：背景色を左から右に流す

CSSのグラデーションとbackground-positionを組み合わせることで、背景色がスムーズに流れるアニメーションを実現します。ホバー時にアニメーションを開始させます。

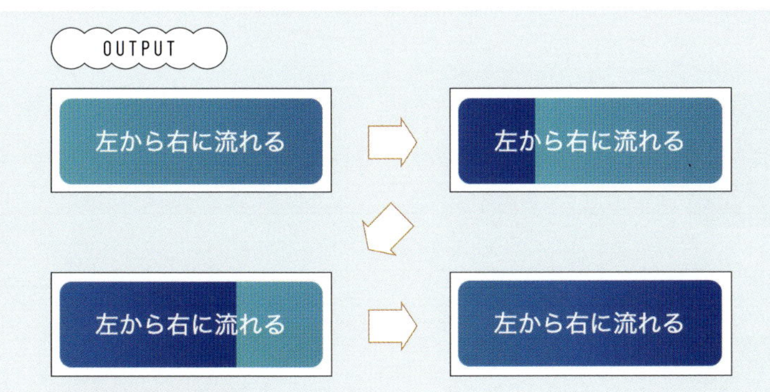

記述例

HTML

```html
<button class="flow-button">左から右に流れる</button>
```

CSS

```css
.flow-button {
  padding: 1rem 1.5rem;
  font-size: 1rem;
  border: none;
  border-radius: 8px;
  color: white;
  background: linear-gradient(90deg, #0bd, #05b);
  background-size: 200% 100%; /* 背景を広げて流れる効果を作る */
  cursor: pointer;
  transition: background-position 0.4s ease; /* なめらかな動き */
}
.flow-button:hover {
```

```
  background-position: -100% 0; /* 背景を右から左に移動 */
}
```

応用編：マウスカーソルの位置で色を変化させる

JavaScriptを使用すると、カーソルの動きに応じて背景が動くような動きを実装できます。ユーザーの操作に反応することで、よりダイナミックなボタンデザインを実現します。

カーソルの位置で色が変化

カーソルの位置で色が変化

カーソルの位置で色が変化

記述例

HTML

```html
<button id="flow-button-js">カーソルの位置で色が変化</button>
```

CSS

```css
#flow-button-js {
  padding: 1rem 1.5rem;
  font-size: 1rem;
  border: none;
  border-radius: 8px;
  color: white;
  background: linear-gradient(90deg, #0bd, #0f0);
  background-size: 200% 100%;
  cursor: pointer;
```

```
  transition: background-position 0.2s ease;
}
```

JavaScript

```
const btn = document.querySelector('#flow-button-js');
btn.addEventListener('mousemove', (e) => {
  const rect = btn.getBoundingClientRect();
  const x = ((e.clientX - rect.left) / rect.width) * 100; // カーソル位置を計算
  btn.style.backgroundPosition = `${x}% 0`; // 背景の位置を動的に変更
});
btn.addEventListener('mouseleave', () => {
  btn.style.backgroundPosition = '0% 0'; // 元の位置に戻す
});
```

このJavaScriptコードのポイントは、マウスカーソルの動きを取得して、それを背景の位置変更に利用しているところです。querySelectorで対象のボタンを取得し、addEventListenerを使ってmousemoveイベントを監視します。mousemoveは、マウスカーソルがボタン上を動くたびに呼び出されるイベントで、e.clientXを利用してマウスカーソルのX座標を取得します。
次に、getBoundingClientRect()を使ってボタンの位置と幅を取得し、マウスカーソルがボタン全体のどの位置にあるかを割合(パーセント)で計算します(x)。この値を背景位置(backgroundPosition)に反映させ、マウスカーソルの動きに合わせて背景が左右にスライドするようにしています。
さらに、mouseleaveイベントでマウスカーソルがボタンの外に移動したとき、背景を初期位置(0%)に戻しています。

流れる方向や速度をカスタマイズする

流れる方向の変更

基本編のCSSコードで、次のように、グラデーションの方向を90deg(横方向)から0deg(縦方向)に変更すると、背景が上下に流れるアニメーションが作れます。

記述例

CSS

```
background: linear-gradient(0deg, #0bd, #05b);
```

アニメーション速度の調整

基本編で解説したCSSコードや、応用編のtransition: background-position 0.2s ease;の値を変更すると、アニメーション速度を速くしたり遅くしたりできます。

ボタンを押し込んだような アクション

[デモファイル]
C3-04-demo

ボタンをホバーしたときに「押し込んだ」ように見える演出は、Webサイト全体の質感をぐっと高めます。シンプルなCSSで陰影や位置を変えるだけでも、ユーザーはインタラクションを楽しみやすくなります。さらにJavaScriptで細かな動きを加えれば、より洗練された操作感を実現できます。

基本編:ボタンを押し込む

box-shadowを使って、通常時よりもわずかに影を短くし、transformでボタンを押し込んだかのような位置へ移動させます。こうした小さな工夫で、ボタンにただの要素ではなく、押せるオブジェクトとしての存在感を与えることができます。

OUTPUT

押し込まれているボタン

押し込まれているボタン

記述例

HTML

```html
<button class="press-button">押し込まれているボタン</button>
```

CSS

```css
.press-button {
  padding: 1rem 1.5rem;
  font-size: 1rem;
  border: none;
  border-radius: 8px;
  color: #fff;
  background-color: #0bd;
  box-shadow: 0 4px 4px rgba(0, 126, 148, 0.4); /* 通常の影 */
  cursor: pointer;
  transition: translate 0.2s ease, box-shadow 0.2s ease;
}
.press-button:hover {
  translate: 0 2px; /* ボタンが下がる */
  box-shadow: 0 2px 4px rgba(0, 126, 148, 0.2); /* 影を薄く */
}
```

応用編：押し込まれた状態を作る

JavaScriptを使うと一度押した後もボタンが「押し込まれた」状態を保ち、文字や色を変え続けることができます。これにより、ユーザーに「もうすでに押したよ」というフィードバックをしっかり与えられます。このようにJavaScriptを使えば、見た目の変化を維持したり、さらに別の動きを組み合わせたりと、初心者でもできる小さな工夫が増えます。

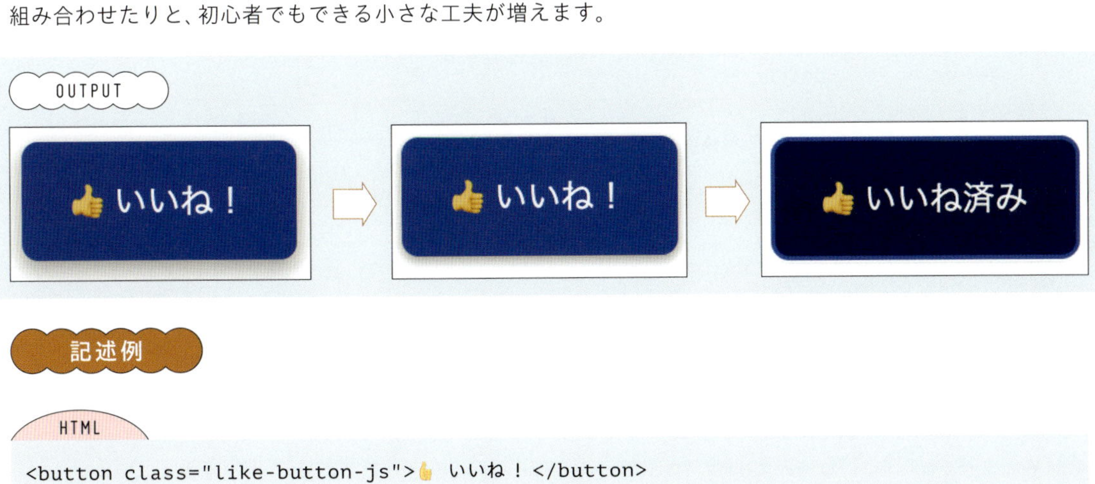

記述例

HTML

```html
<button class="like-button-js">👍 いいね！</button>
```

CSS

```css
.like-button-js {
  padding: 1rem 1.5rem;
  font-size: 1rem;
  border: none;
  border-radius: 8px;
  color: #fff;
  background-color: #05b;
  cursor: pointer;
  box-shadow: 0 4px 8px rgba(0,0,0,0.3);
  transition: translate 0.2s, box-shadow 0.2s, background 0.2s;
}

/* ホバーで少し沈み込む */
.like-button-js:hover {
  translate: 0 2px;
  box-shadow: 0 2px 4px rgba(0,0,0,0.3);
}

/* 押し込まれた状態（いいね済み）を表現 */
.like-button-js.liked {
  background: #037; /* 少し濃い青に変更して「押し込まれた」雰囲気を */
  box-shadow: 0 1px 2px rgba(0,0,0,0.3);
}
```

JavaScript

```
const likeButton = document.querySelector('.like-button-js');

likeButton.addEventListener('click', () => {
  if (likeButton.classList.contains('liked')) {
    // すでに押している場合は元に戻す
    likeButton.classList.remove('liked');
    likeButton.textContent = '👍 いいね！';
  } else {
    // 押していない場合は押し込み状態にする
    likeButton.classList.add('liked');
    likeButton.textContent = '👍 いいね済み';
  }
});
```

JavaScript内のdocument.querySelectorで、HTML中の.like-button-jsクラスを持つ要素を取得し、addEventListener('click', ...)でクリック時の処理を指定しています。
if (likeButton.classList.contains('liked'))は、ボタンがすでに「いいね済み」の状態かどうかをチェックしています。もし「いいね済み」であればclassList.remove('liked')で元に戻し、テキストを「👍 いいね！」に変更します。逆にまだ「いいね」が押されていなければ、classList.add('liked')で「いいね済み」のクラスを付与し、テキストを「👍 いいね済み」に変更します。
これにより、ユーザーが同じボタンをクリックするたび、状態が「いいね！」と「いいね済み」を切り替えられるようになり、どの状態なのか視覚的にわかりやすくなります。

速度やアイコンなどをカスタマイズする

アニメーション速度や距離を調整する

ボタンが「押し込まれる」動きをもう少しゆっくり見せたい、あるいはもっと深く押し込みたい場合は、CSS内のtransitionやtranslateの値を調節しましょう。
例えば、基本編で使用したCSSにおいて、transition: translate 0.2sを0.3sや0.5sに変更すると、じわっと沈むような緩やかなアニメーションが実現できます。押し込みの量もtranslateの2pxを4pxや6pxに変更すればさらにわかりやすい印象に。細かく値を変えながら、Webサイトのデザインに合う動き方を探ってみてください。

CSS

```css
.push-button {
  transition: translate 0.5s, box-shadow 0.5s; /* アニメーションをゆっくり */
}
.push-button:hover {
  translate: 0 4px; /* 押し込みを深く */
}
```

押し込み時にアイコンやテキストを変える

応用編で紹介した「いいね！」ボタンでは、JavaScriptによるテキスト変更を実装しましたが、これを応用して押し込み時にアイコンの色や種類を変える、テキスト横に「✔」マークをつけ足す、文字色を変更するといった工夫ができます。
例えば、「いいね済み」の状態ではアイコンを緑色にしておき、状態を元に戻すときはアイコンを元の色に戻すことも可能です。これにより、ユーザーへ「状態が変わった」というメッセージをより視覚的に強調できます。

記述例

JavaScript

```javascript
likeButton.addEventListener('click', () => {
  if (likeButton.classList.contains('liked')) {
    likeButton.classList.remove('liked');
    likeButton.textContent = '👍 いいね！';
  } else {
    likeButton.classList.add('liked');
    likeButton.textContent = '✅ いいね済み'; /* チェックマークを表示 */
  }
});
```

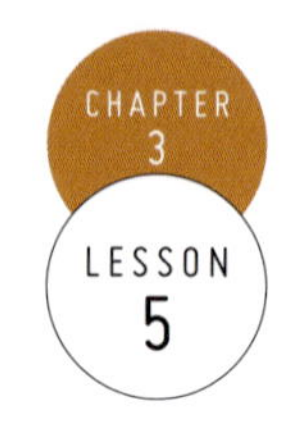

ラインが動く

［デモファイル］
C3-05-demo

ボタンのまわりを動くラインを実装する方法を紹介します。CSSアニメーションやSVG、JavaScriptを活用することで、さまざまな動きのあるエフェクトを楽しめます。こうしたちょっとした演出でWebサイトにアクセントを加え、ユーザーの視線を集める効果があります。

基本編：グラデーションのラインを加える

まずは、CSSのみでボタンの周囲にアニメーションするラインを実装してみましょう。HTMLのボタンを配置し、CSSでその背景に回転するグラデーションのラインを仕込むことで、ホバー時や、クリック時に動きを感じるボタンを作成できます。

OUTPUT

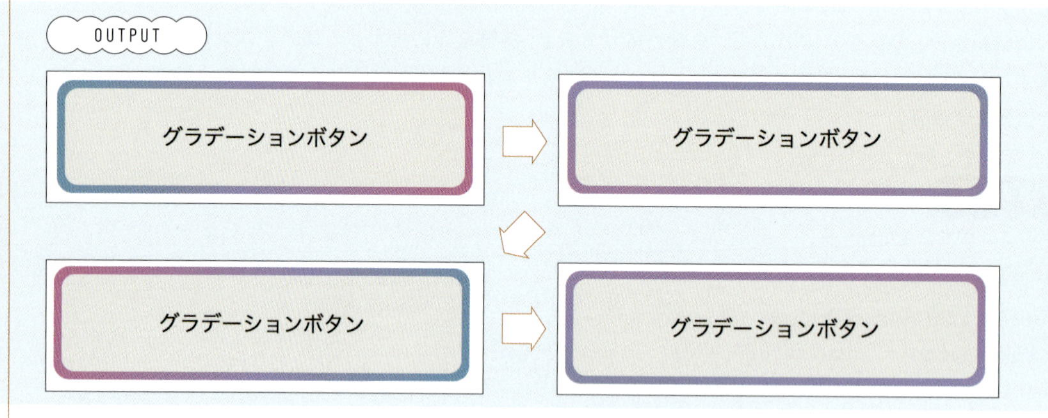

下記の例では、CSS内の.btn-containerに::before擬似要素を用いて、背景にある大きな円状のグラデーションが回転しています。@keyframes rotate-lineで定義したアニメーションは、0度から360度へ回転し続けます。これにより、常時ラインがぐるぐると動いているように見えます。さらに、.btn-containerのoverflow: hidden;を利用して中心部分だけを見せています。試しにoverflow: hidden;を消してみると、どのように回転しているかわかりやすくなりますよ。

記述例

HTML

```
<div class="btn-container">
  <button class="btn-inner">グラデーションボタン</button>
</div>
```

CSS

```
/* グラデーションボタン */
.btn-container {
  position: relative;
  overflow: hidden;
  display: flex;
  align-items: center;
  justify-content: center;
  max-width: 320px;
  border-radius: 12px;
}
.btn-inner {
  margin: 6px;
  position: relative;
  z-index: 1;
  width: 100%;
  padding: 1.5rem;
  border-radius: 10px;
  border: 0;
  font-size: 1rem;
  cursor: pointer;
}
.btn-container::before {
  content: "";
  background: linear-gradient(90deg, #0bd, #f6b);
  height: 500px;
  width: 500px;
  position: absolute;
  animation: rotate-line 4s linear infinite;
}
@keyframes rotate-line {
  0% {
    transform: rotate(0deg);
  }
  100% {
    transform: rotate(360deg);
  }
}
```

背景の円の中心部分以外を隠す

背景で大きな円状のグラデーションを回転させる

応用編：クリック時にぐるっと囲む

SVGとJavaScriptを用いて、クリック時にラインがぐるっとボタンを囲む動きを追加します。SVGの<rect>タグでボタンの周囲に枠線を作り、その枠線がクリックをきっかけにボタンのまわりを囲んでいくようなアニメーションを実現します。

OUTPUT

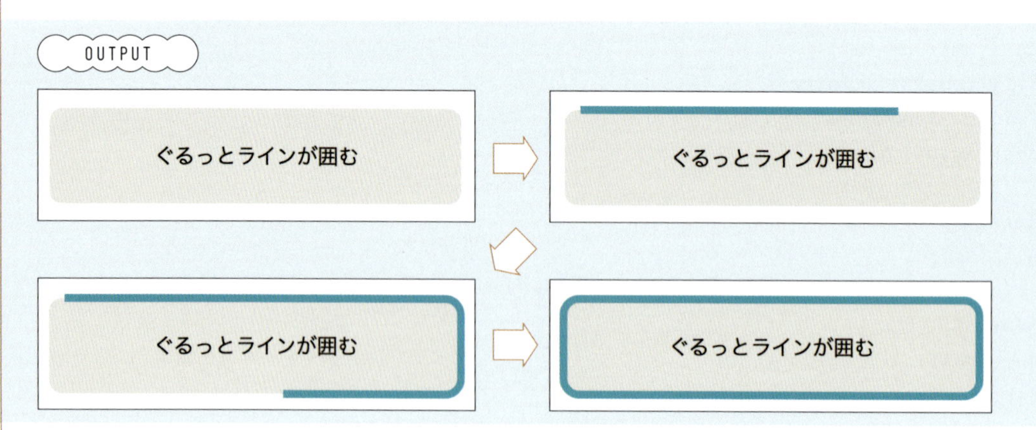

応用編では、CSS内のstroke-dasharrayやstroke-dashoffsetといったSVG固有のプロパティーで線の描画アニメーションを表現します。transitionを活用すれば、アクティブになった瞬間からスムーズにラインが走り、JavaScriptでclassListの操作を行うことで、クリックするたびにアニメーションを再生できます。

CHAPTER 3

POINT

CSSの用語解説

- stroke-dasharray：線を点線のように分割するための設定。値を大きく指定すると、長い点線を表せます。
- stroke-dashoffset：線の開始位置をずらすプロパティー。これをアニメーションさせることで、線が描かれるような演出が可能です。

記述例

HTML

```
<div class="btn-container-adv">
  <button class="btn-inner-adv">ぐるっとラインが囲む</button>
  <svg class="btn-svg-adv">
    <rect class="btn-rect-adv" width="100%" height="100%" rx="12" />
  </svg>
</div>
```

CSS

```
/* ぐるっとラインが囲む */
.btn-container-adv {
  position: relative;
  max-width: 320px;
}
.btn-inner-adv {
  width: 100%;
  padding: 1.5rem;
  border-radius: 12px;
  border: 0;
  font-size: 1rem;
  cursor: pointer;
}
.btn-svg-adv {
  width: 100%;
  height: 100%;
  position: absolute;
  top: 0;
  left: 0;
  overflow: visible;
  pointer-events: none;
  z-index: 1;
}
.btn-rect-adv {
  fill: none;
  stroke: #0bd;
  stroke-width: 6px;
  stroke-dasharray: 400%;
  stroke-dashoffset: 400%;
}
/* activeクラスが付与された瞬間からアニメーション開始 */
.btn-rect-adv.active {
  animation: line 1s forwards;
}
@keyframes line {
  to {
    stroke-dashoffset: 0;
  }
}
```

JavaScript

```
const btnAdv = document.querySelector('.btn-inner-adv');
const rectAdv = document.querySelector('.btn-rect-adv');

btnAdv.addEventListener('click', () => {
  // 一度クラスをはずして再度付与することで連続クリックでもアニメ再生可能に
  rectAdv.classList.remove('active');
  // 再描画を待ってからクラス付与(わずかな遅延でtransition再適用)
  setTimeout(() => {
    rectAdv.classList.add('active');
  }, 10);
});
```

JavaScriptでsetTimeoutを使う理由は、クラスのつけはずしによるアニメーション再生を確実に行うためです。もしrectAdv.classList.remove('active')直後に、同じフレーム内でclassList.add('active')を呼び出してしまうと、ブラウザーはスタイルの変更を一度に処理する可能性があります。その結果、アニメーションが実行されず、見た目が変化しないことがあります。
setTimeoutを短い遅延(10ミリ秒程度)で挟むことで、ブラウザーに「クラスがはずれた」状態の描画を一旦反映させ、次の描画タイミングで再びクラスを付与してアニメーションを発動させます。このテクニックにより、連続クリックでも正常にアニメーションが再生されます。

速度をカスタマイズする

アニメーション速度の変更

基本編のCSSにあるanimation: rotate-line 4s linear infinite;や、応用編のCSSにある@keyframes line内の1秒(1s)など、秒数を変えることでアニメーションのスピードをコントロールできます。速く回転させたい場合は4sを2sへ短縮、ゆっくり動かしたい場合は6sへ延長といった調整が可能です。

記述例

CSS

```
/* 例:回転スピードをゆっくりに */
.btn-container::before {
  animation: rotate-line 6s linear infinite;
}
```

アニメーションのスピードを6秒に変更

矢印が変化する

[デモファイル]
C3-06-demo

ボタンの矢印が少し動くだけでも、心地よい体験を提供できます。CSSのホバーアニメーションやJavaScriptの機能で、手軽にちょっとした変化を加えてみましょう。

基本編：矢印を動かす

CSSの:hover擬似クラスを使ったシンプルなアニメーションです。ポイントは、::after擬似要素で矢印形状を作り、transitionで動きをスムーズにしているところです。ボタンをホバーすると矢印が左右に移動し、ちょっとしたアクセントを加えられます。

OUTPUT

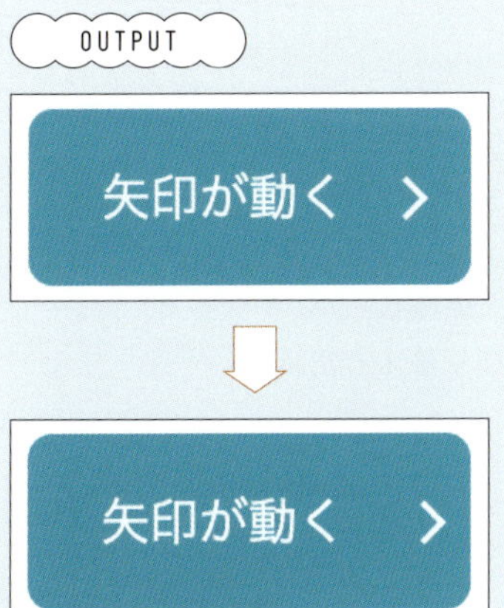

[＞]の矢印が右に動きます

HTML

```
<button class="btn-icon">矢印が動く</button>
```

CSS

```
.btn-icon {
  position: relative;
  padding: 1rem 2.5rem 1rem 1.5rem;
  border: 0;
  font-size: 1rem;
  cursor: pointer;
  border-radius: 8px;
  color: #fff;
```

```
  background-color: #0bd;
}
.btn-icon::after {
  content: '';
  position: absolute;
  top: calc(50% - 4px); /* 高さ半分の位置から矢印の高さ(8px)の半分を引く */
  right: 16px;
  width: 8px;
  height: 8px;
  border-top: 2px solid;
  border-right: 2px solid;
  rotate: 45deg;
  transition: .5s;
}
.btn-icon:hover::after {
  right: 10px;
}
```

応用編：矢印の形とテキストを切り替える

クリックすると矢印の形が変わってチェックマークのような見た目になり、テキストも「完了！」に変わる仕組みを作ります。手順はシンプルで、まずはJavaScriptでボタンを取得し、クリックイベントを監視して.doneクラスを付与します。その際にボタンのテキストも切り替えるため、ユーザーにわかりやすいフィードバックを与えられます。

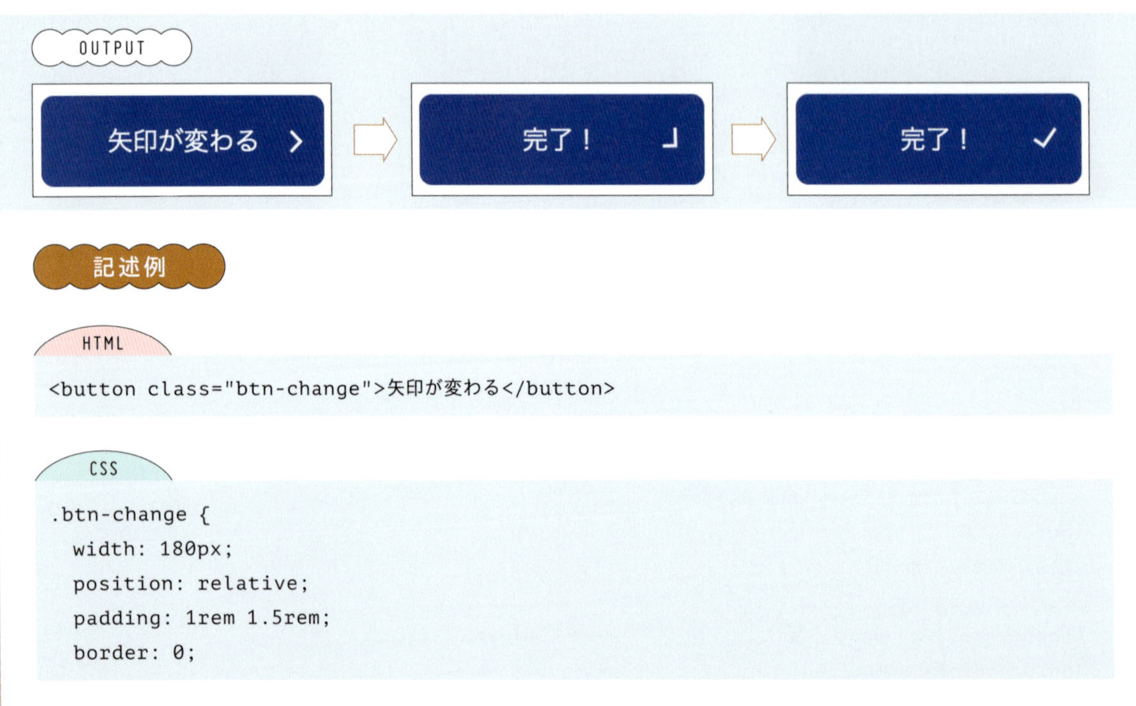

記述例

HTML

```
<button class="btn-change">矢印が変わる</button>
```

CSS

```
.btn-change {
  width: 180px;
  position: relative;
  padding: 1rem 1.5rem;
  border: 0;
```

```
  font-size: 1rem;
  cursor: pointer;
  border-radius: 8px;
  color: #fff;
  background-color: #05b;
}
.btn-change::after {
  content: '';
  position: absolute;
  top: calc(50% - 4px);
  right: 16px;
  width: 8px;
  height: 8px;
  border-top: 2px solid;
  border-right: 2px solid;
  rotate: 45deg;
  transition: .5s;
}
.btn-change.done::after {
  top: calc(50% - 6px); /* 高さ半分の位置から矢印の幅(12px)の半分を引く */
  width: 12px;
  height: 6px;
  rotate: 125deg;
}
```

JavaScript

```
const btnChange = document.querySelector('.btn-change');

btnChange.addEventListener('click', () => {
  // .done クラスを追加(チェックマーク風に)
  btnChange.classList.add('done');
  // ボタンテキストを「完了!」に変更
  btnChange.textContent = '完了!';
});
```

速度や矢印の形をカスタマイズする

矢印のアニメーション速度を変える

アニメーションが速すぎたり遅すぎたりする場合は、CSSのtransition時間を調整しましょう。例えば上のコードではtransition: .5s; (0.5秒) となっていますが、これをtransition: 1s; (1秒) のようにすると、アニメーションがゆっくりになります。サイトの雰囲気に合わせて、心地よい速度を見つけてみてください。

CSS

```
.btn-icon::after,
.btn-change::after {
  transition: 1s;  // 1秒かけてなめらかにアニメーションする
}
```

別のアイコンに変更する

矢印以外のアイコンにしたい場合は、::afterのボーダー設定を変えるか、アイコンフォント（Webフォント）を利用すると表現の幅が広がります。例えば、Font Awesome（https://fontawesome.com/）のようなアイコンライブラリーを使うと、HTMLにアイコンを配置するだけで簡単にデザインを変えられます。

POINT

Font Awesomeとは？

Font AwesomeはWeb制作で広く用いられる無料のアイコンライブラリーです。豊富なアイコンをHTMLに数行追記するだけで利用可能です。アイコンは文字扱いなので、CSSによる色やサイズ変更も簡単。レイアウトへの組み込みからアイコンの切り替えまで手軽に行えるため、デザインの幅を大きく広げられます。ぜひ多彩なシーンで活用してみましょう。

クリック後に元の状態に戻す

応用編のボタンをクリック後、元の矢印に戻したい場合は、JavaScript内の.doneクラスのつけはずしを行えばOKです。クラスの操作をトグル（切り替え）すると簡単に実現できます。具体的には以下のように、classList.toggle()を使ってクラスの付与・削除を切り替えましょう。

記述例

JavaScript

```
btnChange.addEventListener('click', () => {
  btnChange.classList.toggle('done');
  btnChange.textContent = btnChange.classList.contains('done') ? '完了！' : '矢印が変わる';
});
```

キラキラ光る

[デモファイル]
C3-07-demo

ボタンが光り輝くアニメーションを取り入れることで、視覚的な楽しさをアップでき、Webサイト全体のアクセントにもなります。シンプルなCSSアニメーションからJavaScript応用まで、初心者でも簡単に試せる方法を紹介します。

基本編：ボタンの上にサッと光を流す

CSSだけを使ってホバー時にボタン上をサッと光が流れるようなエフェクトを実装します。ユーザーがボタンをホバーすると、白い光がボタンを斜めに横切り、まるでキラーンと輝いているように見えます。ここで使っている::before擬似要素やlinear-gradient()（線形グラデーション）、skewX()（要素をX軸方向に傾けるCSSの変形機能）などは、視覚的な動きや変形を実現するための技術です。いずれもWebサイトの演出を手軽にレベルアップできます。

OUTPUT

キラーンと光るボタン → キラーンと光るボタン → キラーンと光るボタン → キラーンと光るボタン

記述例

HTML

```html
<button class="btn-shine">キラーンと光るボタン</button>
```

CSS

```css
.btn-shine {
  position: relative;
  padding: 1rem 1.5rem;
  border: 0;
  font-size: 1rem;
  cursor: pointer;
  border-radius: 8px;
```

```
  color: #fff;
  background-color: #0bd;
  overflow: hidden;
}
.btn-shine::before {
  content: '';
  position: absolute;
  top: 0;
  left: -150%;
  width: 100%;
  height: 100%;
  background: linear-gradient(
    120deg,
    rgba(255, 255, 255, 0) 0%,
    rgba(255, 255, 255, 0.6) 50%,
    rgba(255, 255, 255, 0) 100%
  );
  transform: skewX(-20deg);
}
.btn-shine:hover::before {
  translate: 300% 0;
  transition: .5s;
}
```


応用編：キラキラする演出を加える

こちらでは、JavaScriptを使ったアニメーションをプラスして、ボタン全体に小さな星が「キラキラ」と出現する演出を行います。CSSだけでは難しい複数の星をランダムに生成し、ふわっと消えていく仕組みをJavaScriptで実現しています。JavaScriptを使えば、より細かな演出やタイミングの調整が可能になりますよ。

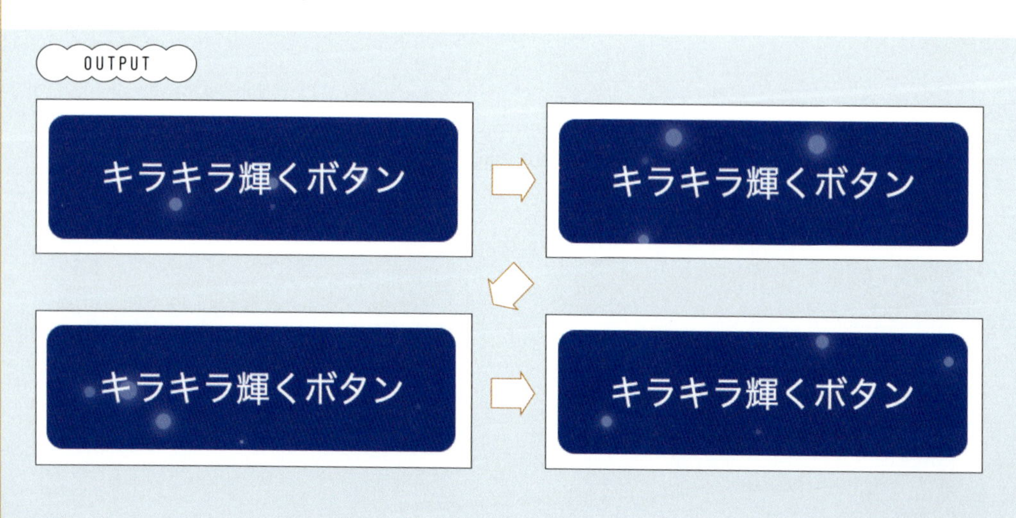

記述例

HTML

```html
<button class="btn-sparkle">キラキラ輝くボタン</button>
```

CSS

```css
.btn-sparkle {
  position: relative;
  padding: 1rem 1.5rem;
  border: 0;
  font-size: 1rem;
  cursor: pointer;
  border-radius: 8px;
  color: #fff;
  background-color: #05b;
  overflow: hidden;
}

.btn-sparkle .sparkle {
  position: absolute;
  width: 8px;
  height: 8px;
  background-color: rgba(255,255,255,.5);
  border-radius: 50%;
  box-shadow: 0 0 8px rgba(255, 255, 255, 0.8);
  animation: sparkle-animation 2s infinite;
  pointer-events: none;
}

@keyframes sparkle-animation {
  0% {
    transform: scale(0);
    opacity: 1;
  }
  50% {
    transform: scale(1);
    opacity: 0.8;
  }
  100% {
    transform: scale(0);
    opacity: 0;
  }
}
```

CSS内のpointer-events: none;は、その要素がホバーやタッチ操作の反応対象にならないようにするプロパティーです。例えば、ユーザーが星の要素部分をクリックしても何のイベントも起こらなくなります。これによって星はあくまでも見た目上の演出として機能し、背面にあるボタンをスムーズにクリックできるようにするのがポイントです。

JavaScript

```
const button = document.querySelector('.btn-sparkle');

function createSparkle() {
  const sparkle = document.createElement('div');
  sparkle.classList.add('sparkle');

  const size = Math.random() * 6 + 4; // 4pxから10pxまでのランダムサイズ
  sparkle.style.width = `${size}px`;
  sparkle.style.height = `${size}px`;

  const x = Math.random() * button.offsetWidth;
  const y = Math.random() * button.offsetHeight;
  sparkle.style.left = `${x}px`;
  sparkle.style.top = `${y}px`;

  button.appendChild(sparkle);

  // 一定時間後に削除
  setTimeout(() => {
    sparkle.remove();
  }, 2000);
}

function sparkleEffect() {
  setInterval(createSparkle, 300); // 0.3秒ごとに新しい星を生成
}

sparkleEffect();
```

JavaScriptでは、最初にdocument.querySelector('.btn-sparkle')でボタン要素を取得し、sparkleEffect()を呼び出してインターバル処理を開始しています。createSparkle()では、ランダムなサイズと位置を持った星の要素を生成し、ボタンの子要素として追加します。こうすると、ボタンの中にふわりと星が出現し、@keyframes sparkle-animationを使ったCSSアニメーションが適用されます。さらに、一定時間（ここでは2秒）が経つと星は自動で削除されるため、要素が増えすぎる問題を防ぎます。

くるくる回る

［デモファイル］
C3-08-demo

くるくる回るエフェクトは、Webサイトの見た目を一気に印象的にしてくれます。ホバー時やクリックしたときなど、ボタンにちょっとしたアクションを加えるだけでもユーザーの注目を集めやすくなります。ここでは、CSSだけで実装できるシンプルな回転アニメーションと、JavaScriptを使ってクリックしたときに演出する応用までを解説します。

基本編：ボタンをくるっと回転させる

CSSのプロパティーだけを使った回転ボタンを紹介します。ボタンの表面と裏面を用意し、ホバー時にくるっと回転して文字が変わる仕組みです。transform-styleやbackface-visibilityをうまく組み合わせることで、3D空間で回っているような表現が可能になります。

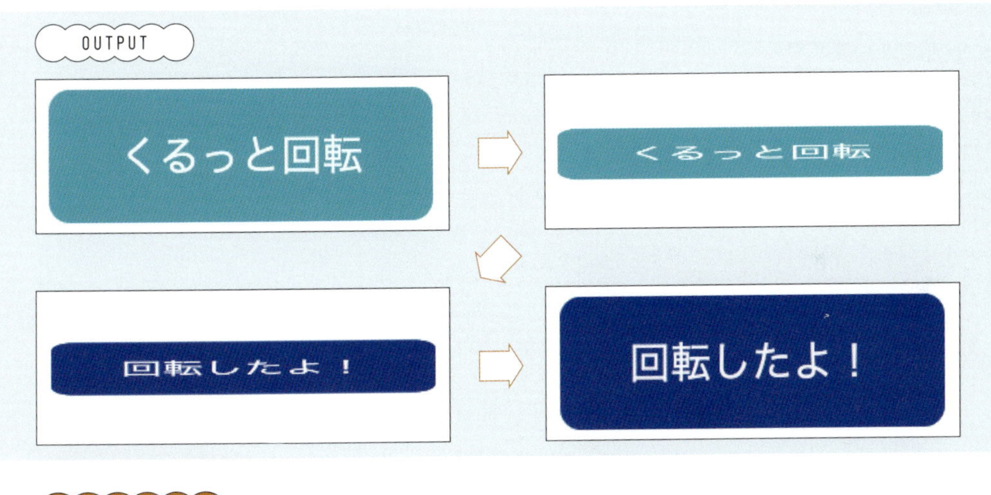

記述例

HTML

```
<button class="btn-rotate">
  <div class="btn-rotate-front">くるっと回転</div>
  <div class="btn-rotate-back">回転したよ！</div>
</button>
```

CSS

```
.btn-rotate {
  position: relative;
  width: 150px;
  height: 50px;
```

```
  display: flex;
  justify-content: center;
  align-items: center;
  border: 0;
  font-size: 1rem;
  cursor: pointer;
  border-radius: 8px;
  color: #fff;
  background-color: #0bd;
  transition: rotate .6s;
  transform-style: preserve-3d;
}
.btn-rotate-front,
.btn-rotate-back {
  position: absolute;
  width: 100%;
  height: 100%;
  display: flex;
  justify-content: center;
  align-items: center;
  backface-visibility: hidden;
  border-radius: 8px;
}
.btn-rotate-back {
  background-color: #05b;
  rotate: x 180deg;
}
.btn-rotate:hover {
  rotate: x 180deg;
}
```

ボタンの裏面の設定

ボタンの色や回転軸をカスタマイズする

色やグラデーションを変える

ボタンの表面（.btn-rotate-front）と裏面（.btn-rotate-back）で、背景色やグラデーションを変えてみましょう。色合いが変わると回転の演出がより際立ちます。例えば以下のように、裏面にグラデーションを加えてもおもしろいです。

記述例

CSS

```
.btn-rotate-back {
```

```
  background: linear-gradient(45deg, #0bd, #05b); ── 裏面にグラデーションを加える
  rotate: x 180deg;
}
```

回転する軸を変える

くるっと回転する軸を変えてバリエーションを増やすことも可能です。CSSでrotate: x 180deg;としていたところをrotate: y 180deg;とすると、横方向に回転するようになります。

記述例

CSS

```
.btn-rotate-back {
  background-color: #05b;
  rotate: y 180deg;
}
.btn-rotate:hover {
  rotate: y 180deg;
}
```

横方向に回転する

応用編：一瞬だけ高速回転させる

クリックイベントなどのユーザー操作を使って「一瞬だけ高速回転する」ような演出を追加してみます。CSSのアニメーションに加え、JavaScriptでクラスの追加や削除を行うことで、さらに華やかな動きを作ることができます。

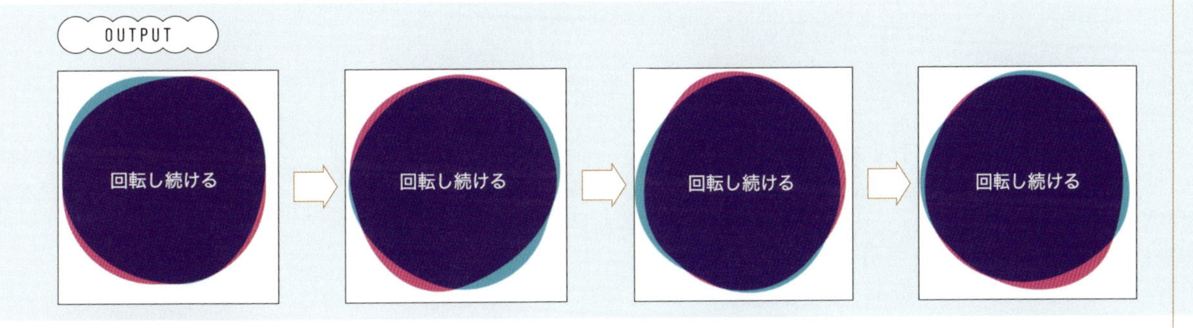

記述例

HTML

```
<div class="btn-container">
  <button class="btn-circle">回転し続ける</button>
</div>
```

CSS

```
.btn-container {
  position: relative;
}
.btn-circle {
  position: absolute;
  width: 180px;
  height: 180px;
  color: #fff;
  background: transparent;
  border: 0;
  font-size: 1rem;
  cursor: pointer;
}
.btn-circle::before,
.btn-circle::after {
  content: '';
  position: absolute;
  width: 100%;
  height: 100%;
  top: 0;
  left: 0;
  z-index: -1;
  mix-blend-mode: multiply;
}
.btn-circle::before {
  background: #0bd;
  border-radius: 50% 50% 50% 70%/50% 50% 70% 60%;
  animation: border-animation 6s infinite linear;
}
.btn-circle::after {
  background: #f3a;
  border-radius: 70% 40% 50% 50%/50%;
  animation: border-animation 4s infinite linear;
}
@keyframes border-animation {
  to { rotate: 360deg; }
}
/* 高速回転のクラス */
.btn-circle.fast-spin::before,
.btn-circle.fast-spin::after{
  animation-duration: .4s;
}
```

CSSでmix-blend-mode: multiply;を指定すると、要素同士が重なった部分で色が合成され、重なりが強調された独特の色合いを表現できます。一方、border-radiusで各角の丸みを調整して楕円形のやわらかい形状を作り出し、ボタンに親しみやすさを表現できます。
さらに、@keyframes border-animationでrotate: 360deg;をアニメーションさせることで、ボタンの背面にある擬似要素同士が常にくるくる回り続けるように設定しています。色鮮やかな円形装飾と、異なる周期で回転する演出を組み合わせることで、より印象的で動きのあるボタンデザインを実現しています。

JavaScript

```
const button = document.querySelector('.btn-circle');

button.addEventListener('click', () => {
  // 高速回転のクラスを追加
  button.classList.add('fast-spin');

  // 一定時間後に高速回転のクラスを削除
  setTimeout(() => {
    button.classList.remove('fast-spin');
  }, 400); // 高速回転のアニメーション時間に合わせる
});
```

ボタンをクリックした際に高速回転させるため、クラスのつけはずしを制御しています。JavaScriptのbutton.classList.add('fast-spin');で高速回転用クラスを追加し、setTimeout()で設定した時間が経過したら、classList.remove('fast-spin');を実行して元の状態に戻します。イベントリスナー(addEventListener)によりユーザーの操作を検知して、短い間だけアニメーションを強調できる点がポイントです。

回転中の色などをカスタマイズする

回転しながら色を変える

CSSの高速回転用のクラス内に、背景色を切り替えるコードを追加してみましょう。例えば、background-color: #fd0;のようにすると、回転と同時に色の変化を楽しめます。

回転が終わったら別のアクションをする

JavaScriptにあるsetTimeoutのコールバック内に追加の処理を書くと、回転終了後に何かを起こすことができます。メッセージを出したり、別の要素を表示させたり、アイデア次第でいろいろな演出が可能です。

ポンポン弾む

［デモファイル］
C3-09-demo

ホバーやクリックに応じて、ボタンにポンポン弾む動きと色の変化をつけることで、楽しくクリックしてみたくなるようなデザインを実現できます。ユーザーの目を引くだけでなく、ボタンであることが直感的に伝わるため、使い勝手の向上にもつながるでしょう。

基本編：上下に弾ませる

ホバーしたときにボタンが上下に弾むような動きを実装します。CSSコードの@keyframesでボタンの移動（translate）を指定し、ホバー時に「0 → -10px → 0」と弾むアニメーションを繰り返す仕組みです。ボタンが活発に見え、ユーザーの興味を引きやすくなります。

記述例

HTML

```
<button class="btn-bounce">ポンポン弾む</button>
```

CSS

```
.btn-bounce {
  padding: 1rem 1.5rem;
  border: 0;
  font-size: 1rem;
  cursor: pointer;
  border-radius: 8px;
  color: #fff;
  background-color: #0bd;
}
.btn-bounce:hover {
  animation: bounce 1s infinite ease-in-out;
}
@keyframes bounce {
  0%, 100% {
```

```
    translate: 0;
  }
  50% {
    translate: 0 -10px;
  }
}
```

速度や高さをカスタマイズする

ホバー時にバウンドを速くする

動きの速さを変えたい場合は、CSS内にある.btn-bounce:hoverのanimationの秒数を調整しましょう。例えば0.5sにすると、ボタンのバウンドがよりキビキビした感じになります。

記述例

CSS

```
.btn-bounce:hover {
  animation: bounce 0.5s infinite ease-in-out;
}
```

0.5秒でキビキビとアニメーションする

弾む高さを変える

CSSにある@keyframes bounce内のtranslate: 0 -10px;を変更すると、弾む高さを好きな値にできます。例えば-20pxにすると、より大きくジャンプするようになります。

記述例

CSS

```
@keyframes bounce {
  0%, 100% {
    translate: 0;
  }
  50% {
    translate: 0 -20px;
  }
}
```

より大きく跳ね上がる

応用編：色も変えてみる

JavaScriptを使って「クリックしたタイミングでもボタンが弾む＋色が変わる」といった応用をしてみます。CSSだけでなく、JavaScriptを組み合わせることで、より複雑な動きや、ユーザーがどのように操作したかを把握して処理を切り替えることも可能になります。

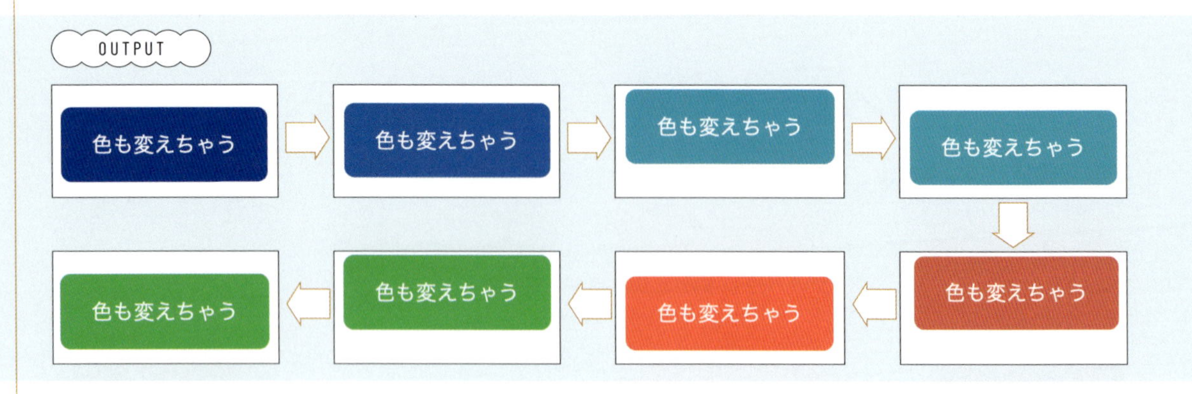

記述例

HTML

```
<button class="btn-click-bounce">色も変えちゃう</button>
```

CSS

```
.btn-click-bounce {
  padding: 1rem 1.5rem;
  border: 0;
  font-size: 1rem;
  cursor: pointer;
  border-radius: 8px;
  color: #fff;
  background-color: #05b;
}
```

JavaScript

```
const colors = ['#0bd', '#f66', '#0c6', '#f83'];
let colorIndex = 0;
const button = document.querySelector('.btn-click-bounce');

button.addEventListener('click', () => {
  button.style.transition = 'translate 0.2s ease, background-color 0.2s ease';
  button.style.translate = '0 -10px';
  button.style.backgroundColor = colors[colorIndex];
```

```
  setTimeout(() => button.style.translate = '0', 200);
  colorIndex = (colorIndex + 1) % colors.length;
});
```

上記のコードでは、ボタンをクリックすると背景色が次々と変わります。colors配列に好きな色を入れておけば、クリックするたびに順番に切り替わっていきます。また、一時的にボタンを上に弾ませるため、translateプロパティーを「0 -10px → 0」とアニメーションさせています。

色やテキストをカスタマイズする

色が変更するパターンをランダムにする

ボタンの色が順番に変わるのではなく、ランダムに変わるようにするには、配列の要素をランダムに選ぶとよいでしょう。JavaScript内のMath.random()を使って、ランダムに配列のインデックスを取り出します。

記述例

JavaScript

```
button.addEventListener('click', () => {
  button.style.translate = '0 -10px';
  button.style.backgroundColor = colors[Math.floor(Math.random() * colors.length)];
  setTimeout(() => button.style.translate = '0', 200);
});
```

ボタンの色をランダムに変える

クリックしたときにボタンのテキストを変える

背景色だけでなく、テキストも切り替えるとさらにおもしろい演出になります。ボタンをクリックすると「弾んだ！」や「変わった！」などの文字に変わる仕組みを加えてみましょう。

記述例

JavaScript

```
button.addEventListener('click', () => {
  button.textContent = '弾んだ！';
  setTimeout(() => {
    button.textContent = '色も変えちゃう';
  }, 500);
});
```

テキストを変える

波紋が広がる

［デモファイル］
C3-10-demo

ボタンをクリックしたり、ホバーしたりしたときに、水面に広がるような「波紋」の演出を加えると、印象的な効果を実装できます。見た目のインパクトだけでなく、ユーザーがどこをクリックしたのかをわかりやすく示し、より楽しんでもらうことができるメリットもあります。

基本編：波紋を演出する

波紋の演出をCSSだけで表現する方法です。ボタン内部にアニメーションが追加されることで、ユーザーがWebページをながめたときに、さりげない動きを感じられます。

OUTPUT

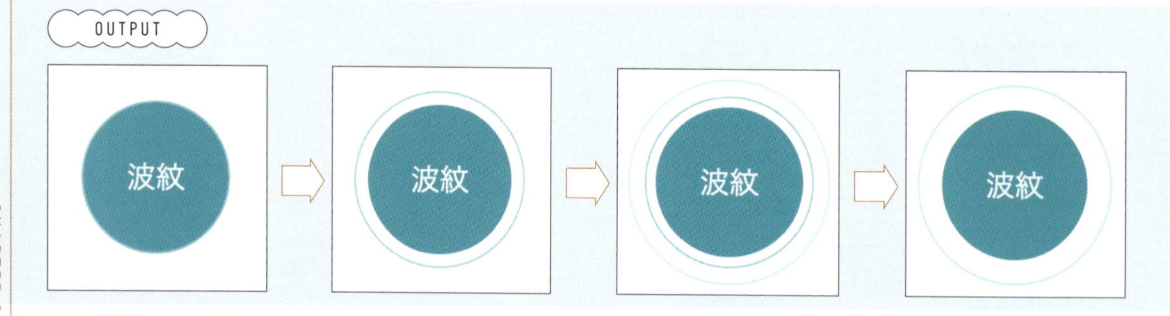

CSSの@keyframesで定義したアニメーションにおいて、scaleを使って波紋を拡大しています。0%から100%に向けて要素の大きさを変化させ、後半ではopacityを0にして徐々に消える動きを表現することで、自然な波紋を演出します。また、animation-delayで開始タイミングをずらすことで、複数の波紋が交互に広がるようになり、単調さを抑えた立体感のあるアニメーションが可能になります。

記述例

HTML

```
<button class="btn-ripple">波紋</button>
```

CSS

```
.btn-ripple {
  position: relative;
  padding: 1rem;
  border: 0;
  font-size: 1rem;
  width: 80px;
```

```
  height: 80px;
  cursor: pointer;
  border-radius: 50%;
  color: #fff;
  background-color: #0bd;
}
.btn-ripple::after,
.btn-ripple::before {
  content: '';
  position: absolute;
  top: 50%;
  left: 50%;
  translate: -50% -50%;
  border: 1px solid #0bd;
  width: 100px;
  height: 100px;
  border-radius: 50%;
  animation: ripple-animation 2s linear infinite;
}
.btn-ripple::after {
  animation-delay: .6s;
}
/* 波紋のアニメーション */
@keyframes ripple-animation {
       0% {
         scale: .6;
       }
       100% {
         scale: 1.2;
         opacity: 0;
       }
}
```

波紋の色やサイズをカスタマイズする

色の変更でイメージチェンジ

波紋の色やボタン本体の色を変更するだけで、雰囲気をガラリと変えられます。例えば、ボタン全体の色を落ち着いた色合いにして、波紋の色をコントラストがあるものにすると、より際立った表現になります。

記述例

CSS

```
.btn-ripple {
  background-color: #333; /* ダークな背景色 */
}
.btn-ripple::after,
.btn-ripple::before {
  border: 1px solid #ffc107; /* 黄系に変更 */
}
```

サイズを大きくして視覚効果をUP

波紋の大きさやスピードを変えるだけでも演出が変わります。アニメーションのscaleやタイミングを調整してみましょう。波紋の最終的なサイズを少し大きくすると、よりダイナミックに見えます。

記述例

CSS

```
@keyframes ripple-animation {
  0% {
    scale: .8; /* 波紋の初期サイズをやや大きめに */
  }
  100% {
    scale: 1.5; /* より拡大 */
    opacity: 0;
  }
}
```


応用編：波紋が広がる演出を作る

ボタンをクリックした瞬間、クリックした場所から波紋が広がる演出です。CSSだけではなくJavaScriptを使うことで、ユーザーアクションに合わせてリアルタイムにアニメーションが生成されます。毎回新しく波紋の要素を作り出しているため、より直感的な見せ方が可能です。

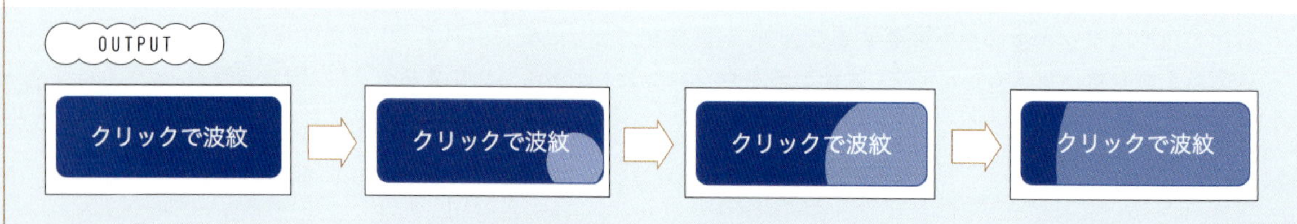

HTML

```
<button class="btn-click-ripple">クリックで波紋</button>
```

CSS

```
.btn-click-ripple {
  position: relative;
  padding: 1rem 1.5rem;
  border: 0;
  font-size: 1rem;
  cursor: pointer;
  border-radius: 8px;
  color: #fff;
  background-color: #05b;
  overflow: hidden;
}
.ripple {
  position: absolute;
  border-radius: 50%;
  scale: 0;
  animation: ripple .6s linear;
  background: rgba(255, 255, 255, .6);
}
@keyframes ripple {
  to {
    scale: 4;
    opacity: 0;
  }
}
```

JavaScript

```
const button = document.querySelector('.btn-click-ripple');

button.addEventListener('click', (e) => {
  const ripple = document.createElement('span');
  const rect = button.getBoundingClientRect();
  const size = Math.max(rect.width, rect.height);
  ripple.style.width = ripple.style.height = `${size}px`;
  ripple.style.left = `${e.clientX - rect.left - size / 2}px`;
  ripple.style.top = `${e.clientY - rect.top - size / 2}px`;
  ripple.classList.add('ripple');
```

```
  button.appendChild(ripple);
  setTimeout(() => ripple.remove(), 600);
});
```

ボタンがクリックされたら、JavaScript内のspan要素を新たに生成し、ボタンの位置や大きさをgetBoundingClientRect()で取得して、その中心付近に波紋が表示されるようにスタイルを設定します。具体的には、波紋の直径をボタンの幅または高さの最大値に合わせることで、クリックした場所に応じて十分に広がるようにしています。次に、生成したspan要素にクラスを付与してCSSアニメーションで拡大・フェードアウトを表現し、setTimeoutを使って一定時間後に削除することで、クリックするたびに新しい波紋が生成される仕組みです。

POINT

JavaScript内の用語解説

- getBoundingClientRect()：要素の位置やサイズを取得するためのメソッドです。
- Math.max()：複数の数値のうち、最大値を返す関数です。

波紋のサイズなどをカスタマイズする

波紋サイズをもっと大きく

CSSにあるscale: 4;の値を変えると、最終的にどれくらい波紋が広がるかを調整できます。例えば、scale: 6;にするとボタンより大きく広がって、より強いインパクトを演出できます。

記述例

CSS

```
@keyframes ripple {
  to {
    scale: 6; ── 波紋が大きく広がる
    opacity: 0;
  }
}
```

CHAPTER

4

画像の魅力を引き出すテクニック

鮮やかなビジュアルで魅了する「画像」にも、
アニメーションを取り入れてみませんか？
色味の変化ややさしいぼかし、ホバーでふんわり拡大など、
ちょっとした工夫だけで大きく印象が変わります。
別のカットへのスムーズな切り替えやパラパラ漫画風の表現など、
多彩なアニメーション手法を紹介します。

画像の役割

Webサイトを彩るうえで欠かせない要素の1つに「画像」があります。画像は文字だけの情報にはない視覚的なインパクトを生み出し、ユーザーに強い印象を与えます。

画像について

画像とは、写真やイラスト、グラフィックなど、視覚的に情報を伝える素材のことです。文字だけでは伝わりにくい雰囲気や感情、ブランドイメージをダイレクトに表現できる強みがあります。例えば、旅行サイトに掲載されている旅行先の写真を見ると、その場所への魅力や空気感をひと目で理解できるかと思います。画像は、ビジュアルを通じてユーザーの興味や感情を呼び起こす強力な手段です。

TheMana Village

https://themanavillage.com/

壮大なイメージが大きく表示されるTheMana Village。実際に訪れてみたくなりますね

画像が重要な理由

大量のテキストが並ぶページでも、魅力的な画像があるだけで閲覧者の目に留まりやすくなります。デザインのアクセントとして、ビジュアルに訴求力を持たせることで、コンテンツの魅力を引き立てる効果があります。

また、複雑な手順や概念を説明する場合、文章だけでは理解しづらいこともあります。そんなときは、図解やアイコン、チャートなどの画像を組み合わせることで、ユーザーが直感的に理解しやすくなります。

アニメーションが画像に与える効果

注目度のアップ

わずかな動きでも、ユーザーの視線を集められます。例えば、画面をスクロールしたときや画像にホバーしたときにふわっと動くなど、さりげない動きでも魅力的な演出になります。

FiTOリペア

https://repair.fito.jp/

製作：株式会社necco

画面上をキャラクターがスーッと通り過ぎていく演出も。ずっと見ていたくなるようなかわいさがあちこちに散りばめられています

操作ガイドのわかりやすさ

クリックやタップ、ホバーによってアニメーションが起こると、「どこが押せるのか」「どう操作すればいいのか」などのフィードバックを視覚的に示せます。使い勝手のよいUIに欠かせない手法です。

Outcrop inc.

https://outcrop.jp/

別のページへのリンクが設定されている画像をホバーすると「VIEW DETAILS」と表示され、クリックできることをわかりやすくしています。

ストーリー性の強化

多くの画像を使うギャラリーなどのWebサイトでは、スライドショーなどで複数の画像を連続的に見せながらストーリーを展開できます。商品やサービスの世界観を伝えるうえでも有効です。

石田屋ESHIKOTO店

https://eshikoto-store.shop-ishidaya.com/jp

商品写真だけでなく、それをイメージする画像も背景に配置して、商品の世界観を演出しています

実装の注意点

ファイルサイズに気を配る

画像やアニメーションはページの読み込み速度に大きく影響します。高解像度の画像をそのまま使うとページ全体が重くなり、ユーザー離れを招きかねません。適切な圧縮ツールや形式（JPEG、PNG、WebP）を選んで軽量化することが大切です。

Compressor.io

https://compressor.io/

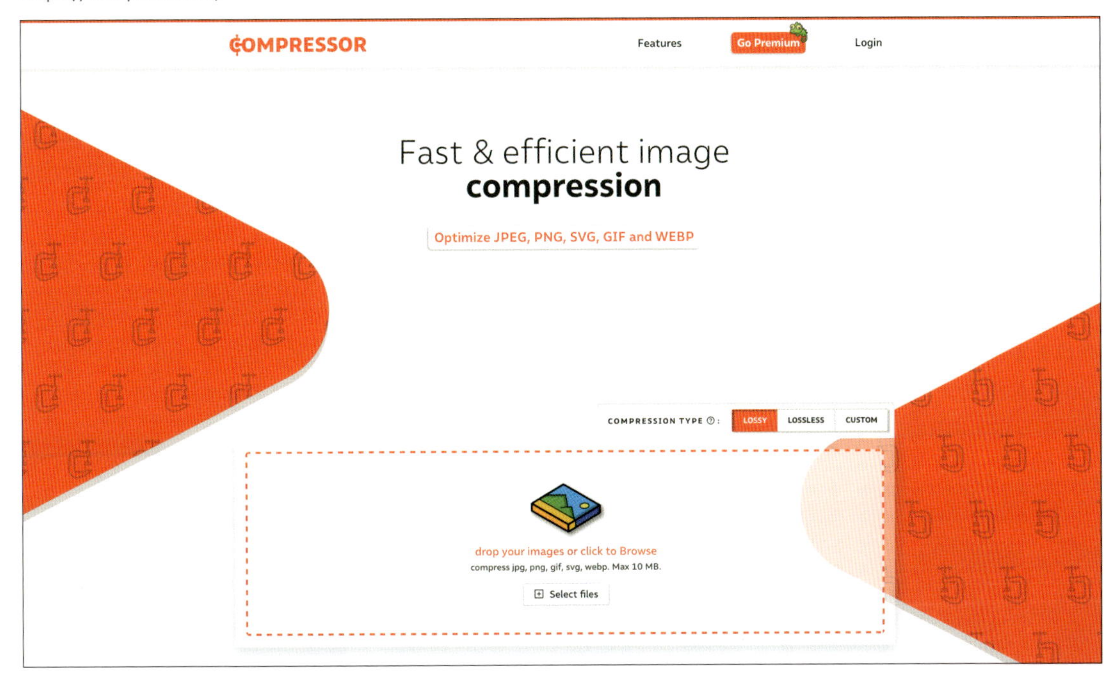

Compressor.ioは、画像を簡単に圧縮し、画質を損なわずにファイルサイズを大幅に削減できる無料オンラインツールです。Webサイトの表示速度を向上させたいときに役立ちます

アクセシビリティの確保

画像を使う際は、必要な場合に代替テキスト（alt属性）を設定し、スクリーンリーダーでも内容を把握できるよう配慮しましょう。また、アニメーションによってサイトがちらつきすぎないようにするなど、ユーザーに負担をかけない演出が求められます。

著作権やライセンスに注意

画像素材はフリー素材や自作のものを使用したり、ライセンスに従って正しく利用したりする必要があります。誤って利用すると、トラブルに発展する恐れがありますので注意しましょう。

色味を変える

［デモファイル］
C4-02-demo

画像の色味を自由に変えられると、Webサイトの見た目に変化を持たせたり、ユーザーの興味を引きつける演出を加えたりできます。特に、ホバーによるグレースケール化などの変化は、簡単に実装できるわりに印象的な効果が得られます。さらにダークモードへの対応など、よりユーザーフレンドリーな画面作りも実現できます。

基本編：画像を白黒にして元に戻す

画像をホバーすると白黒になり、ホバーをやめると元に戻る仕組みを紹介します。CSSのfilter: grayscale()を使い、さらにtransitionプロパティーでアニメーション効果を付与しています。

OUTPUT

記述例

HTML

```
<img class="img-grayscale" src="images/cake1.jpg" alt="">
```

CSS

```
.img-grayscale {
  transition: .4s;
}
.img-grayscale:hover {
  filter: grayscale(1);
}
```

ホバー時の色や彩度をカスタマイズする

ホバーを反転したい場合

ホバー時に白黒にするのではなく、ホバーしていない通常時を白黒にする場合は、クラス名やセレクターを調整しましょう。以下のように書き換えると、通常時は白黒、ホバーでカラーに戻る形になります。

記述例

CSS

```
.img-grayscale {
  filter: grayscale(1);
  transition: .4s;
}
.img-grayscale:hover {
  filter: none;
}
```

彩度(saturate)を上げたい場合

白黒ではなく、逆に色合いを鮮やかにしたい場合は、filter: saturate()を使う方法があります。数値を上げるほど彩度が高くなるので、強調したい画像で試してみてください。

記述例

CSS

```
.img-grayscale:hover {
  filter: saturate(2);
}
```

画像の彩度を2倍にする

filterの種類

「フィルター(filter)」とは、画像や要素の色・透明度などを簡単に調整できる機能のことです。画像全体のテイストを変更するのに便利です。値の範囲や効果を一緒に覚えておくと、思い通りの色味調整がしやすくなります。

filterの種類	意味	値の指定方法
grayscale	白黒にする	0~1(0でカラーそのまま、1で完全に白黒)、または%
brightness	明るさを調整する	0以上(1がデフォルトの明るさ、2にすると2倍の明るさ、0にすると真っ暗)、または%
contrast	コントラスト(明暗差)を調整する	0以上(1がデフォルト、2にすると2倍のコントラスト、0にすると灰色)、または%
saturate	彩度(色の鮮やかさ)を調整する	0以上(1がデフォルト、2にすると2倍の彩度、0にすると白黒)、または%
invert	色を反転する	0~1(0で反転なし、1で完全に反転)、または%
opacity	不透明度を調整する	0~1(0で完全に透明、1で不透明)、または%
sepia	セピア調(古い写真のような色味)にする	0~1(0で効果なし、1で最大)、または%
blur	ぼかす	ピクセル値(2pxなど)
hue-rotate	色相(色味)を回転させる	角度指定(90deg、180degなど)
drop-shadow	影を作る	横の位置、縦の位置、ぼかしの強さ、色について、半角スペースを空けて指定

応用編:CSSによる画像の色味加工

ユーザーがOSやブラウザーでダークモードを使用しているときは、背景やテキストの色だけでなく、画像のトーンも少し暗めにしておくと、より見やすく統一感のあるデザインを提供できます。そこで、CSSのfilterを使って、ダークモードのときは明度や彩度を調整するといいでしょう。

OUTPUT

ダークモードとは

ダークモードとは、画面の背景色やUIのカラーを暗めに切り替えることで、夜間や暗所での閲覧時に目の疲れを軽減するとされる配色方式のことです。最近のOSやブラウザーは、ユーザー設定でダークモードをサポートしており、@media (prefers-color-scheme: dark)というメディアクエリを利用すれば、CSSだけで自動的に暗いデザインが適用されます。これにより、ユーザーがシステム全体でダークモードを有効にしている場合は画面の背景などを暗色系に切り替えられます。

記述例

HTML

```
<img class="img-darkmode" src="images/cake2.jpg" alt="">
```

CSS

```
@media (prefers-color-scheme: dark) {
  body {
    background: #000;
    color: #999;
  }
  .img-darkmode {
    filter: saturate(80%) brightness(60%);
  }
}
```

画像の彩度を80%、明るさを60%に減少させる

CSSの@media (prefers-color-scheme: dark)は、ユーザーのシステム設定がダークモードの場合にのみ適用されるメディアクエリです。JavaScriptを使わず、CSSだけでもモードに応じた調整ができます。

ダークモード時の説明表示などをカスタマイズ

明るめのテキストを追加表示する

ダークモード時のみ画像の上に説明文を追加するなど、要素の表示／非表示を切り替える方法もあります。CSSの@media (prefers-color-scheme: dark)内で要素のdisplayを操作し、背景とテキスト色を調整してみましょう。

CSS

```
@media (prefers-color-scheme: dark) {
  .darkmode-text {
    display: block;
    color: #fff; ── 文字色を白色にする
  }
}
```

JavaScriptでマニュアル切り替えを可能にする

ユーザーの好みでダークモードのオン／オフを切り替えたい場合は、JavaScriptによるクラスの切り替えを使います。難しく感じるかもしれませんが、ボタンをクリックすると.darkmodeクラスをHTMLの<body>タグにつけ替えるだけの仕組みで実装できます。

記述例

HTML

```
<button id="modeToggle">ダークモード</button>
```

CSS

```
body.darkmode .img-darkmode {
  filter: saturate(80%) brightness(60%);
}
```

JavaScript

```
toggleButton.addEventListener('click', () => {
  document.body.classList.toggle('darkmode');
  if (document.body.classList.contains('darkmode')) {
    toggleButton.textContent = 'ライトモード';
  } else {
    toggleButton.textContent = 'ダークモード';
  }
});
```

画像をぼかす

https://codepen.io/manabox/pen/wBwqmpv/

[デモファイル]
C4-03-demo

画像のぼかしを使うことで、シンプルな視覚効果を加えたり、独特の雰囲気を演出したりできます。ここでは、画像をホバーするとやわらかくぼかされる仕組みと、複数画像への応用テクニックをご紹介します。視線を特定の場所に誘導したり、動きのあるデザインをプラスしたりする際にも役立つため、さりげないアクセントを加えたいときにおすすめです。

基本編：ホバー時に画像を少しぼかす

前のLESSONと同じく、フィルターを使って加工してみましょう。基本編では画像をホバーしたときに少しぼかすシンプルな例を紹介します。まずHTMLで画像を用意し、CSSでfilter: blur()を使ってぼかしを加えます。この例では、transitionでホバーしたときの変化を0.4秒かけてなめらかにしており、filter: blur(4px)によって画像が4px分ぼかされる仕組みになっています。

OUTPUT

記述例

HTML

```html
<img class="img-blur" src="images/dog1.jpg" alt="">
```

CSS

```css
.img-blur {
  transition: .4s;
}
.img-blur:hover {
  filter: blur(4px);
}
```

ぼかしの強さや色味をカスタマイズする

ぼかしの強さを変更する

ぼかしの強さは、blur(4px)の数字を変えるだけで簡単に調整できます。例えば8pxにすると、よりはっきりとぼかしがかかります。

記述例

CSS

```
.img-blur:hover {
  filter: blur(8px); /* 8pxに変更してみる */
}
```

ぼかすだけでなく色味も変える

ぼかしに加えて色味を変える場合は、filterに複数の効果をまとめましょう。半角スペースを空けて、異なるfilterを指定できます。下記の例では少し灰色がかった雰囲気を加えるためにgrayscaleを使っています。

記述例

CSS

```
.img-blur:hover {
  filter: blur(4px) grayscale(50%);
}
```

応用編：ホバーした画像以外をぼかす

複数の画像を並べたギャラリーで、ホバーした画像以外をぼかすというテクニックも使ってみましょう。CSSのdisplay: grid;で画像をきれいに並べ、ホバーしていない画像にだけfilter: blur()をかけています。ホバーした画像ははっきりと見えて、ほかの画像はぼかされるため、見る人の意識が自然とホバー中の画像に向きます。

OUTPUT

記述例

HTML

```
<div class="blur-wrapper">
    <img src="images/dog2.jpg" alt="">
    <img src="images/dog3.jpg" alt="">
    <img src="images/dog4.jpg" alt="">
    <img src="images/dog5.jpg" alt="">
    <img src="images/dog6.jpg" alt="">
    <img src="images/dog7.jpg" alt="">
</div>
```

CSS

```
.blur-wrapper {
  display: grid;
  gap: 10px;
  grid-template-columns: repeat(3, minmax(200px, 1fr));
}
.blur-wrapper img {
  width: 100%;
  height: 100%;
  object-fit: cover;
  transition: .4s;
}
```

```
.blur-wrapper:hover img:not(:hover) {
  filter: blur(4px);
}
```

:not(:hover)は「ホバーしていない要素」を指定する否定擬似クラスと呼ばれる書き方です。これにより、ホバーした画像以外をぼかすことができます。
object-fitとは、画像などのメディア要素をコンテナのサイズに合わせて切り抜くCSSプロパティーです。今回の例では縦横比を保ったまま、ちょうどよいサイズで表示させています。

元に戻る速度をカスタマイズする

ぼかしの速度を変える

ぼかしが元に戻るスピードを遅くしたいときは、transitionの秒数を調整します。この例では1秒かけてじんわりと変化をつけています。

記述例

CSS

```
.blur-wrapper img {
  width: 100%;
  height: 100%;
  object-fit: cover;
  transition: 1s; /* 1秒かけてゆっくり戻す */
}
```

ぼかしをさらに強調する

ぼかし度合いを強くすると、視線を1つの画像に集めやすくなります。

記述例

CSS

```
.blur-wrapper:hover img:not(:hover) {
  filter: blur(10px);
}
```

10pxのぼかし効果を適用する

ふわふわ動かす

https://codepen.io/manabox/pen/yyBoKwX/

[デモファイル]
C4-04-demo

画像を上下にゆったり動かしたり、角度を少し傾けたりするだけで、ページ全体のイメージがぐっとやわらかい印象になります。動きがあることでユーザーの視線を引きつける効果も期待できます。ここではCSSアニメーションを使って、ふわふわと動かす方法を紹介します。

基本編：画像を動かす

画像をふわっと上下に動かしながら、少しだけ回転させるアニメーションを設定してみます。CSSの@keyframesを使って、一定時間ごとに画像の位置や角度を変化させます。

OUTPUT

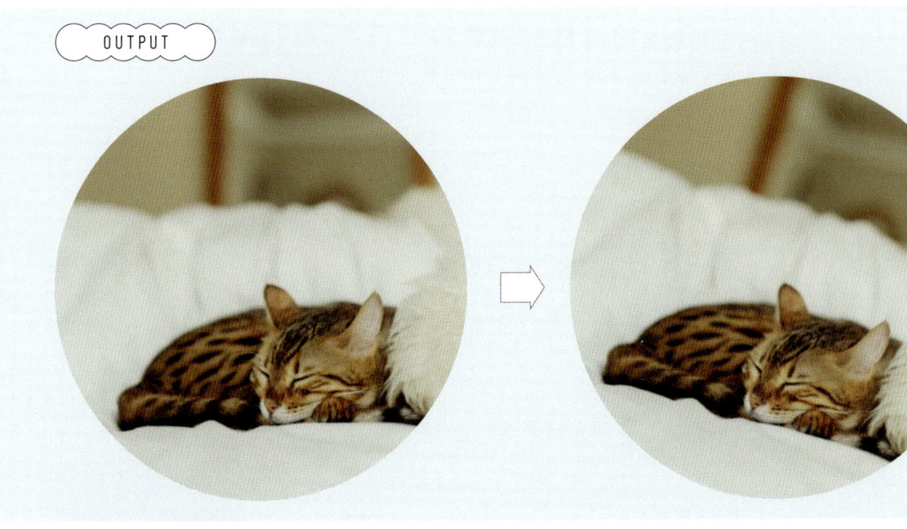

記述例

HTML

```
<img class="img-float" src="images/cat1.jpg" alt="">
```

CSS

```
.img-float {
  width: 300px;
  height: 300px;
  object-fit:cover;
  border-radius: 50%;
  animation: float 5s ease-in-out infinite;
}
```

```
@keyframes float {
  0%, 100% {
    translate: 0;
  }
  50% {
    translate: 0 -20px;
    rotate: 4deg;
  }
}
```

距離や角度、動き方をカスタマイズする

動く距離や回転角度を変える

@keyframes floatのtranslate: 0 -20px;で指定している数値を変更すれば、上下に動く距離を増やせます。同様にrotate: 4deg;の値を大きくすると、回転を強調できます。

記述例

CSS

```
@keyframes float {
  0%, 100% {
    translate: 0;
  }
  50% {
    translate: 0 -40px;   ── より大きく上下に動く
    rotate: 10deg;        ── より大きく回転する
  }
}
```

左右に揺れる動きにする

縦ではなく横に動かしたい場合は、CSSでtranslate: 20px 0;のようにX方向を指定すればOKです。

記述例

CSS

```
@keyframes float {
  0%, 100% {
    translate: 0;
  }
```

```
  50% {
    translate: 20px 0; ——— 水平方向に移動させる
    rotate: 4deg;
  }
}
```

応用編：画像の形を変化させる

画像の境界（形）そのものをアニメーションで変化させるテクニックを紹介します。CSSのborder-radiusを一定の間隔で変えることで、画像の輪郭が波打つようにゆらゆら変化します。時間をかけてゆったり変わるので、見ているだけで心地よい雰囲気が出せます。

OUTPUT

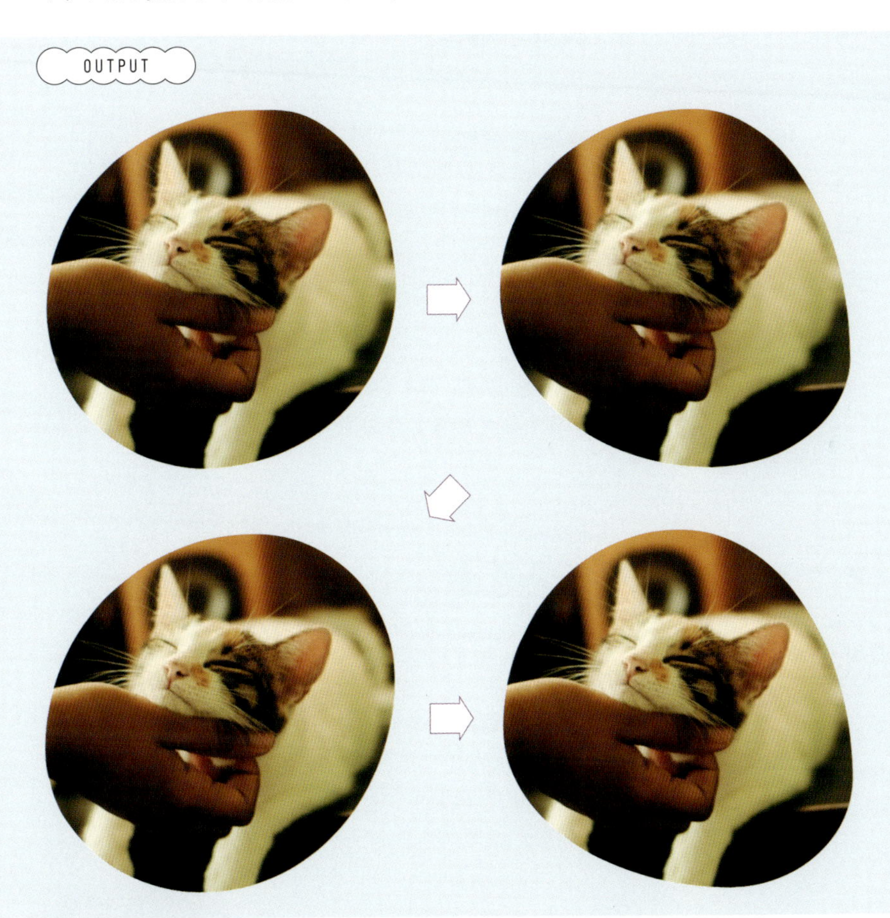

記述例

HTML

```
<img class="img-fluid" src="images/cat2.jpg" alt="">
```

CSS

```css
.img-fluid {
  width: 300px;
  height: 300px;
  object-fit: cover;
  animation: fluid-shape 20s linear infinite;
}
@keyframes fluid-shape {
  0%, 100% {
      border-radius: 60% 35% 55% 45%/55% 50% 50% 45%;
  }
  25% {
      border-radius: 55% 45% 40% 60%/50% 70% 30% 50%;
  }
  50% {
      border-radius: 60% 40% 55% 45%/60% 40% 60% 40%;
  }
  75% {
      border-radius: 50% 50% 35% 65%/55% 70% 30% 45%;
  }
}
```


複雑に見えますが、ここで指定しているのは「角の丸みの比率」です。例えばborder-radius: 60% 35% 55% 45%/55% 50% 50% 45%;は、角を上下左右それぞれ異なる比率で丸めています。/以降で指定する数値は上下左右の楕円形の値です。

動きの時間やパターンをカスタマイズする

アニメーション時間を長め・短めに

animation: fluid-shape 20s linear infinite;の20sを小さくすれば形の変化が早くなり、大きくすればゆったり動きます。

記述例

CSS

```css
.img-fluid {
  animation: fluid-shape 10s linear infinite; /* 10秒にすると動きが速くなる */
}
```

形状変化のパターンを増やす

@keyframes fluid-shapeの途中段階（25％や75％など）の値をさらに増やすと、形が複雑に変化しておもしろい演出ができます。

記述例

CSS

```
@keyframes fluid-shape {
  0%, 100% {
    border-radius: 60% 35% 55% 45%/55% 50% 50% 45%;
  }
  20% {
    border-radius: 50% 50% 50% 50%/50% 50% 50% 50%;
  }
  40% {
    border-radius: 70% 30% 50% 50%/60% 40% 60% 40%;
  }
  /* ... さらに追加可能 ... */
}
```

楕円形のパラメーターを手軽に作る

楕円形のパラメーターを毎回手動で微調整するのは大変ですよね。そんなときに役立つのが、Fancy-Border-RadiusというWebサイトです。スライダーを直感的に動かすだけで、CSSのborder-radiusの数値が自動生成されます。多彩な形状を試せるので、イメージ通りのふわふわアニメーションを作りやすくなります。

Fancy-Border-Radius

https://9elements.github.io/fancy-border-radius/

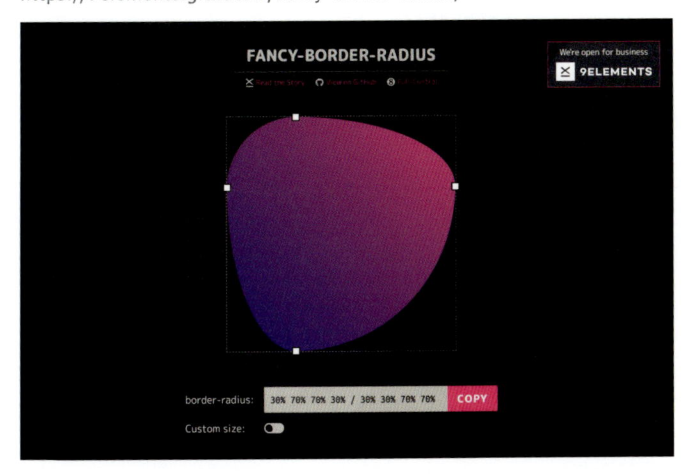

ホバーで大きく表示

［デモファイル］
C4-05-demo

ユーザーがホバーするだけで、画像をサッと大きく表示できるテクニックです。商品のディテールを見せたいECサイトや、ポートフォリオなどで大変役立ちます。画像に軽いアニメーションをつけると、デザイン面でも洗練された印象を与えられますね。

基本編：画像全体を拡大する

CSSだけを使ったシンプルな方法で、ホバー時に画像を少し大きく見せる方法を紹介します。scaleを使って、画像にホバーしたときの拡大率をコントロールしましょう。

OUTPUT

記述例

HTML

```
<img class="img-zoom" src="images/flower1.jpg" alt="">
```

CSS

```
.img-zoom {
  transition: .4s;
}
.img-zoom:hover {
  scale: 1.1;
}
```

表示倍率や回転をカスタマイズする

拡大ではなく縮小する

ホバーしたときだけ、逆に少し縮小させたい場合は下記のようにします。さりげない演出にも使えます。

記述例

CSS

```css
.img-zoom:hover {
  scale: 0.9; /* 1未満の値を指定すると縮小 */
}
```

回転も加える

scaleと合わせてrotateを指定することで、少し回転させることもできます。以下の例ではホバー時に10度回転します。

記述例

CSS

```css
.img-zoom:hover {
  scale: 1.1;
  rotate: 10deg;
}
```

応用編：画像の一部を拡大する

画像の一部分だけをマウスカーソルでなぞるように拡大して見せたい場合は、JavaScriptを組み合わせた「ルーペ」効果がおすすめです。ここでは、画面上でホバーした部分だけ大きく見せる仕組みを作ります。

OUTPUT

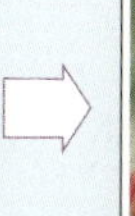

記述例

HTML

```
<div class="img-container">
    <img class="img-base" src="images/flower2.jpg" alt="">
    <div class="img-magnifier">
        <img src="images/flower2.jpg" alt="">
    </div>
</div>
```

CSS

```
.img-container {
  position: relative;
  display: inline-block;
}
.img-base {
  width: 500px;
  height: auto;
}
.img-magnifier {
  position: absolute;
  border: 2px solid #000;
  border-radius: 50%;
  width: 150px;
  height: 150px;
  overflow: hidden;
  pointer-events: none;
  display: none;
}
.img-magnifier img {
  position: absolute;
  width: 1000px; /* 拡大用の画像サイズ */
  height: auto;
  transform-origin: top left;
}
```

pointer-events: none;は、要素に対するマウス操作（クリックやドラッグ）を無効化するCSSプロパティーです。ルーペ部分が邪魔をしないように設定しています。

JavaScript

```
const container = document.querySelector('.img-container');
const image = document.querySelector('.img-base');
const magnifier = document.querySelector('.img-magnifier');
```

```
const magnifiedImage = magnifier.querySelector('img');

// マウスカーソルが画像上に入ったとき
container.addEventListener('mouseenter', () => {
  magnifier.style.display = 'block';
});

// マウスカーソルが画像から離れたとき
container.addEventListener('mouseleave', () => {
  magnifier.style.display = 'none';
});

// マウスカーソルの動きに応じてルーペを動かす
container.addEventListener('mousemove', (e) => {
  const rect = image.getBoundingClientRect();
  const x = e.clientX - rect.left;
  const y = e.clientY - rect.top;

  // ルーペの位置を更新
  const magnifierSize = magnifier.offsetWidth / 2;
  magnifier.style.left = `${x - magnifierSize}px`;
  magnifier.style.top = `${y - magnifierSize}px`;

  // 拡大画像の位置を更新
  const scale = magnifiedImage.offsetWidth / image.offsetWidth;
  magnifiedImage.style.left = `${-x * scale + magnifierSize}px`;
  magnifiedImage.style.top = `${-y * scale + magnifierSize}px`;
});
```

まず、.img-base要素の座標を取得して、マウスカーソルの位置との差分からルーペの中心を計算します。拡大率は拡大画像の幅をベース画像の幅で割って求めます。例えばマウスカーソルが座標(x, y)にあるとき、その分だけ拡大画像をずらし、円形のルーペの内部に正しく表示させる仕組みです。JavaScriptのイベントリスナーを使うことで、マウスカーソルの移動に即座に反応し、リアルタイムに拡大部分が変化します。

さらに、マウスカーソルが画像の外へ出たタイミングでルーペを非表示にするには、mouseleaveイベントを活用して.style.display = 'none';を実行するだけでスムーズに切り替えられます。

別の画像に切り替える

［デモファイル］
C4-06-demo

ホバーやクリックなどで画像を切り替えると、ページに動きとインパクトを与えられます。例えば、商品画像のビフォーアフターやメインビジュアルの差し替えなど、多彩な場面で活用可能です。

基本編：別の画像に切り替える

CSSだけを使って、別の画像を重ねる方法を紹介します。具体的には、background-imageと<img>タグでそれぞれ異なる画像を用意し、ホバー時に<img>タグの透明度を下げて、背景画像を見せる仕組みです。今回のサンプルでは、.img-containerが背景用の画像を持ち、.img-changeがホバーで消えていく画像です。

記述例

HTML

```
<div class="img-container">
    <img class="img-change" src="images/strawberry1.jpg" alt="">
</div>
```

CSS

```
.img-container {
  width: 400px;
  height: 300px;
  background-image: url('images/strawberry2.jpg');
  background-size: cover;
}
.img-change {
  width: 100%;
  height: 100%;
```

背景画像を設定

前面の画像を設定

```
  object-fit: cover;
  transition: opacity .3s ease;
}
.img-container:hover .img-change {
  opacity: 0;
}
```

ホバー時に背景画像を表示

.img-containerで背景画像を設定し、.img-changeで前面の画像を表示しています。ホバーすると.img-changeのopacityが0になり、背面の背景画像が見える仕組みです。

切り替え速度をカスタマイズする

フェードアウトのスピードを変える

CSSのtransition: opacity .3s ease;の部分で、フェードアウトにかける時間を調整できます。1秒にすると、よりゆったり切り替わります。

記述例

CSS

```
.img-change {
  transition: opacity 1s ease;
}
```

1秒かけてゆったり切り替える

応用編：サムネイル画像を大きく表示する

右側にある3つのサムネイル画像のうち、どれか1つをホバーすると、左の大きいメイン画像が切り替わるギャラリー形式の応用例を紹介します。JavaScriptでメイン画像のsrcをサムネイルのsrcに合わせるだけなので、意外とシンプルです。アニメーションでフェードインさせることで、より洗練された演出ができます。この例ではサムネイル画像をホバーすると、元の大きな画像を消してパッと別の画像に切り替わるような動きにしています。

OUTPUT

HTML

```html
<div class="gallery">
    <div class="gallery-main">
        <img src="images/gallery1.jpg" alt="">
    </div>
    <ul class="gallery-thumbnail">
        <li>
        <img src="images/gallery1.jpg" alt="">
        </li>
        <li>
        <img src="images/gallery2.jpg" alt="">
        </li>
        <li>
        <img src="images/gallery3.jpg" alt="">
        </li>
    </ul>
</div>
```

CSS

```css
.gallery {
  display: flex;
  gap: 1rem;
}
.gallery-main img {
  width: 400px;
  height: 500px;
  object-fit: cover;
}
.gallery-thumbnail {
  list-style: none;
  padding: 0;
  margin: 0;
}
.gallery-thumbnail li {
  margin-bottom: 1rem;
}
.gallery-thumbnail img {
  width: 100px;
  height: 80px;
  object-fit: cover;
}
```

JavaScript

```
const mainImg = document.querySelector('.gallery-main img');
const thumbnails = document.querySelectorAll('.gallery-thumbnail img');

thumbnails.forEach((thumb) => {
  thumb.addEventListener('mouseover', (event) => {
    mainImg.src = event.target.src;
    mainImg.animate({ opacity: [0, 1] }, 500);
  });
});
```

JavaScriptではまず、メイン画像とサムネイル画像の要素を取得し、サムネイル画像ごとにホバー時の処理を設定します。ホバーしたサムネイル画像のsrcをそのままメイン画像のsrcに代入しているだけですが、これだけで自由に画像を切り替えられます。さらにanimate()を使ってアニメーションを加えれば、スムーズな切り替えが実現します。

切り替えや表示方法をカスタマイズする

クリックで画像を切り替える

サムネイル画像をホバーではなくクリックで切り替える場合は、mouseoverをクリックイベントに変更します。ユーザーが意図的に選んだ画像だけ反映させたい場合に便利です。

記述例

JavaScript

```
  thumb.addEventListener('click', (event) => {
    mainImg.src = event.target.src;
    mainImg.animate({ opacity: [0, 1] }, 500);
  });
```

サムネイル画像をスクロール表示

サムネイル画像が多い場合は、スクロールできるレイアウトに変えてみましょう。CSSで親要素のサイズを指定し、overflow: auto;などを使えば、より多くのサムネイル画像を並べられます。

記述例

CSS

```
.gallery-thumbnail {
```

```
    list-style: none;
    padding: 0;
    margin: 0;
    overflow: auto; /* 追加 */
    height: 500px; /* 追加 */
}
```

COLUMN

無料で利用できる写真素材Webサイト

高品質な写真素材は、Webサイト制作に欠かせません。商用利用可能な写真を無料で提供するおすすめのWebサイトを紹介します。

Adobe Stock

https://stock.adobe.com/jp/free

Adobeが提供する高品質なストックフォトサイト。無料コレクションでは、厳選されたプロ品質の写真やイラストを商用利用可能なライセンスでダウンロードできます。

Unsplash

https://unsplash.com/ja

世界中のクリエイターが撮影した高解像度の写真を無料で提供しています。海外のサイトなので日本向けの素材は少なめですが、Webデザインやブログ、SNS投稿にも最適です。

ぱくたそ

https://www.pakutaso.com/

日本人モデルや風景写真を中心とした無料素材サイト。ユニークなシチュエーションの画像も多く、国内向けのコンテンツにぴったりです。

GIRLY DROP

https://girlydrop.com/

ガーリーで可愛らしい写真を無料提供するサイト。女性向けのデザインやファッション、ライフスタイル系のWebサイトやSNS投稿に最適です。

自動で横に流れる

[デモファイル]
C4-07-demo

複数の画像を横に流して見せると、ページに動きが生まれ、視線を集めやすくなります。バナーやロゴを並べたスライダー風の演出にも応用できますね。CSSアニメーションを使えば、シンプルなコードだけで自動スクロールを実現できます。さらにJavaScriptを組み合わせると、ホバー時にストップさせたり、スピードを切り替えたりする拡張が簡単にできます。

基本編：画像を流し続ける

CSSで@keyframesを使い、画像を繰り返し左から右へ流れるように設定します。.marquee-containerは、画像を内包する要素です。.marquee-innerのtranslateを変化させるだけでアニメーションが作れます。無限ループさせるには、animation: marquee 20s linear infinite;のようにinfiniteを指定します。

OUTPUT

HTML

```
<div class="marquee-container">
    <div class="marquee-inner">
        <img src="images/cafe1.jpg" alt="">
        <img src="images/cafe2.jpg" alt="">
        <img src="images/cafe3.jpg" alt="">
        <img src="images/cafe4.jpg" alt="">
    </div>
    <div class="marquee-inner">
        <img src="images/cafe1.jpg" alt="">
        <img src="images/cafe2.jpg" alt="">
        <img src="images/cafe3.jpg" alt="">
        <img src="images/cafe4.jpg" alt="">
    </div>
</div>
```

CSS

```
.marquee-container {
  display: flex;
  position: relative;
}
.marquee-inner {
  display: flex;
  animation: marquee 20s linear infinite;
}
@keyframes marquee {
  0% {
    translate: 0;
  }
  100% {
    translate: -100%;
  }
}
```

画像が左へ流れるようにするため、@keyframes marqueeのtranslateを0から-100%まで移動させています。linearはアニメーション速度を一定に保つイージングです。

速度や画像同士の空きをカスタマイズする

アニメーション速度を調整する

CSS内にあるanimation: marquee 20s linear infinite;の20sは、スクロールの速度です。数字を小さくすると速く、大きくするとゆっくり動きます。

記述例

CSS

```
.marquee-inner {
  animation: marquee 10s linear infinite; /* 10秒に変更 */
}
```

画像の間にスペースを作る

CSSの.marquee-inner imgにmargin-right: 20px;などを設定すれば、画像の間に余白を作って並べられます。縦のアニメーションでも同様にmargin-bottomで調整可能です。

記述例

CSS

```
.marquee-inner img {
  margin-right: 20px;
}
```

応用編：画像をホバーすると動きが止まり拡大する

ホバー時にアニメーションが止まり、かつ拡大される例を紹介します。CSSだけでも近い表現は可能ですが、JavaScriptでアニメーションの再生・停止を制御できるようにすると、より自由度が高まります。

OUTPUT

記述例

HTML

```
<div class="marquee-container">
    <div class="marquee-inner-stop">
        <img src="images/cafe1.jpg" alt="">
        <img src="images/cafe2.jpg" alt="">
        <img src="images/cafe3.jpg" alt="">
        <img src="images/cafe4.jpg" alt="">
    </div>
    <div class="marquee-inner-stop">
        <img src="images/cafe1.jpg" alt="">
        <img src="images/cafe2.jpg" alt="">
        <img src="images/cafe3.jpg" alt="">
        <img src="images/cafe4.jpg" alt="">
    </div>
</div>
```

CSS

```css
.marquee-container {
  display: flex;
  position: relative;
}

.marquee-inner-stop {
  display: flex;
  animation: marquee 20s linear infinite;
}
.marquee-inner-stop img {
  transition: scale .4s;
}
.marquee-inner-stop:has(img:hover) {
  z-index: 2;
}
.marquee-inner-stop img:hover {
  scale: 1.1;
}
/* 停止時のクラス */
.marquee-paused {
  animation-play-state: paused;
}
```

:has(img:hover)は、子要素であるimgがホバー状態になったら、親要素のスタイルも変更できるCSSセレクターです。

JavaScript

```javascript
// すべての画像要素を取得
const images = document.querySelectorAll('.marquee-inner-stop img');
const marqueeInners = document.querySelectorAll('.marquee-inner-stop');

// 各画像にホバーイベントを追加
images.forEach(img => {
  img.addEventListener('mouseenter', () => {
    // すべての .marquee-inner-stop のアニメーションを停止
    marqueeInners.forEach(marqueeInner => {
      marqueeInner.classList.add('marquee-paused');
    });
  });

  img.addEventListener('mouseleave', () => {
    // すべての .marquee-inner-stop のアニメーションを再開
    marqueeInners.forEach(marqueeInner => {
```

```
      marqueeInner.classList.remove('marquee-paused');
    });
  });
});
```

animation-play-state: paused;を付与すると、該当する要素のアニメーションが止まります。ホバーで停止 → 離れたら再開というシンプルな流れですね。

拡大率や停止方法をカスタマイズする

ホバー時にもっと大きく拡大する

画像を大きく表示させたい場合は、CSS内をscale: 1.3;のように変更し、拡大率を上げます。

記述例

CSS

```
.marquee-inner-stop img:hover {
  scale: 1.3;
}
```

クリックで一時停止する

ホバーによる停止ではなく、クリックでスライダーを一時停止する場合もJavaScriptで制御できます。クリック時に.marquee-pausedクラスをつけ替えるロジックにすればOKです。'mouseenter'としていたところを'click'に変更するだけですね。

記述例

JavaScript

```
img.addEventListener('click', () => {
  // すべての .marquee-inner-stop のアニメーションを停止
  marqueeInners.forEach(marqueeInner => {
    marqueeInner.classList.add('marquee-paused');
  });
});
```

パラパラ漫画風

［デモファイル］
C4-08-demo

一連の画像を素早く切り替えることで、まるでパラパラ漫画のように見せるテクニックです。HTML要素の背景として複数コマの画像を並べ、その背景の位置を少しずつずらして表示します。ホバー時に再生を止めたり、コマ数を変えるだけで異なる表現が作れるため、簡単なのに遊び心のある演出を実現できます。

基本編：1コマずつ動き続ける

基本の仕組みは「背景画像に連続したコマのイラストを並べ、それを少しずつ移動させる」だけです。steps()というCSSアニメーションの特殊なタイミング関数を使うと、コマの切り替わりがカクカク動くようになります。これによって、昔懐かしいパラパラ漫画のような演出を作れます。ホバー時にアニメーションを一時停止するため、ユーザーが好きなタイミングで絵を止めて見られるのもポイントです。

OUTPUT

記述例

HTML

```
<div class="steps"></div>
```

CSS

```
.steps {
  background: url(images/wcb-chan-animation.svg) no-repeat;
  width: 200px;
  height: 200px;
  animation: smile .5s steps(4) alternate infinite;
}
.steps:hover {
  animation-play-state: paused;
}
```

```
@keyframes smile {
  to {
    background-position: -800px 0;
  }
}
```

steps(4)は、全4コマが順番に切り替わるようにタイミングを分割しています。background-position: -800px 0;は、背景画像を左へ800px分ずらして4コマ目まで表示させる計算です。画像サイズやコマ数に合わせて値を調整しましょう。

再生数やコマ数をカスタマイズする

自動再生を一往復で止める

CSSでinfiniteをはずせば、指定回数だけ動いて止まるアニメーションが作れます。例えば2回だけ往復させたい場合は、以下のように指定します。

記述例

CSS

```
.steps {
  animation: smile .5s steps(4) alternate 2;
}
```

コマ数を増やす

コマを増やしたい場合は、背景画像の横幅をコマ数分だけ広げて作成し、steps(コマ数)やbackground-positionの値を変更します。10コマにしたいなら、背景が横2000px、steps(10)、background-position: -2000px 0;といった形にしましょう。

応用編：クリックすると画像が動く

ボタンをクリックしたときだけパラパラアニメが再生される例です。steps(24)で細かい動きを表現しており、ボタンのアイコン部分に複数コマをまとめた画像を配置しています。クリック時にクラスを付与して再生し、マウスカーソルがはずれたらクラスをはずすロジックを組むだけで簡単に制御できます。

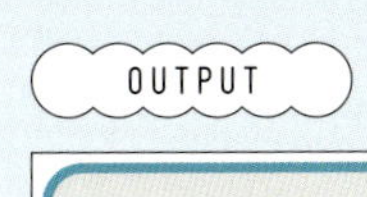

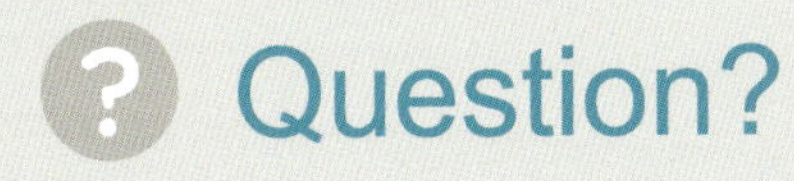

記述例

HTML

```
<button class="btn-question">
    <span></span>Question?
</button>
```

CSS

```
.btn-question {
```

```css
  color: #0bd;
  border: 2px solid;
  border-radius: 8px;
  padding-right: 1rem;
  font-size: 1.5rem;
  cursor: pointer;
  display: flex;
  place-items: center;
}
.btn-question:hover {
  color: #0d9;
}
.btn-question span {
  background: url(images/question.svg) no-repeat;
  width: 50px;
  height: 50px;
  display: inline-block;
}
.animate span {
  animation: question .6s steps(24) forwards;
}
@keyframes question {
  to {
    background-position: -1200px 0;
  }
}
```


画像が24コマ分横に並んでいるイラストを使い、.animate spanが付与されたらアニメーションを開始します。forwardsで終了時の状態を保持するため、アニメーションが最後のコマで止まります。

JavaScript

```javascript
const button = document.querySelector(".btn-question");

button.addEventListener("click", () => {
  // クラスを追加してアニメーションを開始
  button.classList.add("animate");
});

button.addEventListener("mouseleave", () => {
  // カーソルがはずれたらクラスを削除
  button.classList.remove("animate");
});
```

JavaScriptでは、クリックイベントで.animateを付与し、mouseleaveイベントではずしているので、クリック → パラパラ画像再生 → マウスカーソルをはずすとリセット、という流れを実現できます。

画像の動き方をカスタマイズする

アニメーションを繰り返す

CSSのforwardsをinfiniteに変えると、繰り返し再生されるループアニメーションが可能です。

記述例

CSS

```css
.animate span {
  animation: question .6s steps(24) infinite;
}
```

フェードアウトや回転も追加

CSSでsteps()アニメーションと同時にopacityやrotateを変化させれば、フェードアウト効果や回転など、より動きにバリエーションを持たせられます。マルチアニメーションにチャレンジしてみましょう。

記述例

CSS

```css
@keyframes question {
  0% {
    opacity: 0.5;
    rotate: 0;
  }
  100% {
    background-position: -1200px 0;
    opacity: 1;
    rotate: 360deg;
  }
}
```

ふんわり表示

[デモファイル]
C4-09-demo

Webサイトを訪れた際、画像が少し下からふわっと浮き上がるように表示されると、サイト全体に洗練された印象を与えられます。ユーザーの視線を集めやすくなるだけでなく、読み込みのタイミングを演出できます。CSSやJavaScriptを使って簡単にアニメーションをつけられるので、初心者でも挑戦しやすい表現です。

基本編：下からふわっと表示させる

まずはCSSだけを使った単純なフェードインの演出です。画像を不透明度0（opacity: 0）で下に少しずらした状態から始め、@keyframesに設定したアニメーションで最終的に座標を0へ戻し、同時に不透明度を1にします。たった数行のコードで、ふわっと浮き上がる効果を表現できます。

OUTPUT

HTML

```
<img class="img-fadein" src="images/bird1.jpg" alt="">
```

CSS

```
.img-fadein {
  opacity: 0;
  translate: 0 50px;
  animation: fadein 1s forwards;
}
@keyframes fadein {
  to {
    opacity: 1;
    translate: 0;
  }
}
```

translateは、要素の表示位置を上下左右にずらすCSSプロパティーです。ここでは画像を少し下から立ち上げるように演出しています。

表示方向や時間をカスタマイズする

左や右にも移動しながら表示

上下だけでなく、左右にも少し移動させたい場合は、下記のようにtranslateの最初の値にも数値を記述します。

記述例

CSS

```
.img-fadein {
  opacity: 0;
  translate: -50px 50px; /* 左に50px＆下に50px移動させる */
  animation: fadein 1s forwards;
}
@keyframes fadein {
  to {
    opacity: 1;
    translate: 0;
  }
```

```
}
```

アニメーション時間を調整する

animation: fadein 1s forwards;の1sを変えれば、フェードインが完了するまでの時間を変えられます。よりゆっくり浮き上がらせたい場合は2s、瞬間的に表示させたい場合は0.5sなど、お好みに合わせて調整しましょう。

応用編:1枚ずつふわっと表示させる

複数の画像を段階的にふわっと表示させるサンプルを紹介します。JavaScriptのアニメーション機能(Web Animations API)を使えば、ループを回しながら遅延時間を加えるだけで、順番にアニメーションさせられます。多数の画像を扱うギャラリーサイトやカルーセルで、1枚ずつふわっと出していくと印象的です。

OUTPUT

記述例

HTML

```
<div class="gallery">
    <img class="gallery-item" src="images/bird2.jpg" alt="">
    <img class="gallery-item" src="images/bird3.jpg" alt="">
    <img class="gallery-item" src="images/bird4.jpg" alt="">
```

```
    <img class="gallery-item" src="images/bird5.jpg" alt="">
    <img class="gallery-item" src="images/bird6.jpg" alt="">
    <img class="gallery-item" src="images/bird7.jpg" alt="">
</div>
```

CSS

```
.gallery {
    display: grid;
    gap: 20px;
    grid-template-columns: repeat(auto-fit, minmax(300px, 1fr));
    max-width: 1020px;
}
.gallery-item {
    opacity: 0;
    width: 100%;
    aspect-ratio: 4 / 3;
    object-fit: cover;
}
```

aspect-ratioは、画像の縦横比を一定に保ちながらレイアウトするためのCSSプロパティーです。多彩なサイズの画像を並べる際にも、見栄えをそろえやすくなります。

JavaScript

```
const items = document.querySelectorAll('.gallery-item');

for (let i = 0; i < items.length; i++) {
  const keyframes = {
    opacity: [0, 1],
    translate: ['0 50px', 0],
  };
  const options = {
    duration: 600, // 0.6秒かけてアニメーション
    delay: i * 300, // i番目の画像ごとに0.3秒ずつ遅らせる
    fill: 'forwards',
  };
  items[i].animate(keyframes, options);
}
```

ループを回しながらdelay: i * 300と遅延を設定しているので、1枚目はすぐ表示、2枚目は0.3秒後、3枚目は0.6秒後……という形で段階的にふんわりと表示されます。

遅延時間や再実行をカスタマイズする

異なる遅延時間でランダムに表示

すべてを一定間隔で表示させるのではなく、各画像にランダムなディレイ（遅延）をつけると、あえて不揃いなタイミングで出てくるおもしろい演出になります。

記述例

JavaScript

```
const items = document.querySelectorAll('.gallery-item');

for (let i = 0; i < items.length; i++) {
  const keyframes = {
    opacity: [0, 1],
    translate: ['0 50px', 0],
  };
  const options = {
    duration: 600,
    delay: Math.floor(Math.random() * 1000), // 0～1000msのランダムな数値
    fill: 'forwards',
  };
  items[i].animate(keyframes, options);
}
```

画像のホバーで再実行する

各画像に対してmouseenterイベントを設定し、そのタイミングで.animate()を再度呼び出せば、画像のホバー時にもふんわりと表示を繰り返せます。

記述例

JavaScript

```
items[i].addEventListener('mouseenter', () => {
  items[i].animate(keyframes, { duration: 600, fill: 'forwards' });
});
```

ゆっくり拡大していく

［デモファイル］
C4-10-demo

画像がスライドショーのようにゆっくり拡大していくと、ユーザーが自然とビジュアルに集中できるようになります。静止画でもダイナミックな印象を与えやすいため、ギャラリーやメインビジュアルなどで特別感を出したいときに便利です。

基本編：ホバーで拡大する

CSSの.zoom要素に隠し枠（overflow: hidden）を設定し、中の画像がホバー時に少し大きくなるようにしています。transitionプロパティーで拡大がゆっくり進むため、エフェクトが自然に見えるのがポイントです。

OUTPUT

HTML

```html
<div class="zoom">
    <img src="images/food1.jpg" alt="">
</div>
```

CSS

```css
.zoom {
  width: 400px;
  height: 300px;
  overflow: hidden;
}
.zoom img {
  width: 100%;
  height: 100%;
  transition: scale 1s;
}
.zoom img:hover {
  scale: 1.2;
}
```


拡大のタイミングなどをカスタマイズする

ホバーせずに常にゆっくり拡大

ホバーを必要とせず、自動で拡大しっぱなしにしたい場合は、.zoom img:hoverの代わりに、最初は.zoom imgにscale:1.0;を設定し、さらにanimationを使ってscale:1.2;に変化させる方法もあります。

記述例

CSS

```css
.zoom img {
  scale: 1.0;
  animation: auto-zoom 5s ease-in-out infinite alternate;
}
@keyframes auto-zoom {
  0% {
    scale: 1.0;
  }
```

```
  100% {
    scale: 1.2;
  }
}
```

応用編：拡大しながら画像を切り替える

画像をスライドショーのように自動で切り替えつつ、あらかじめ拡大状態にしておく方法を紹介します。画像ごとにscaleのアニメーションを仕込めば、順番にゆっくり拡大が進むドラマチックな演出が可能です。

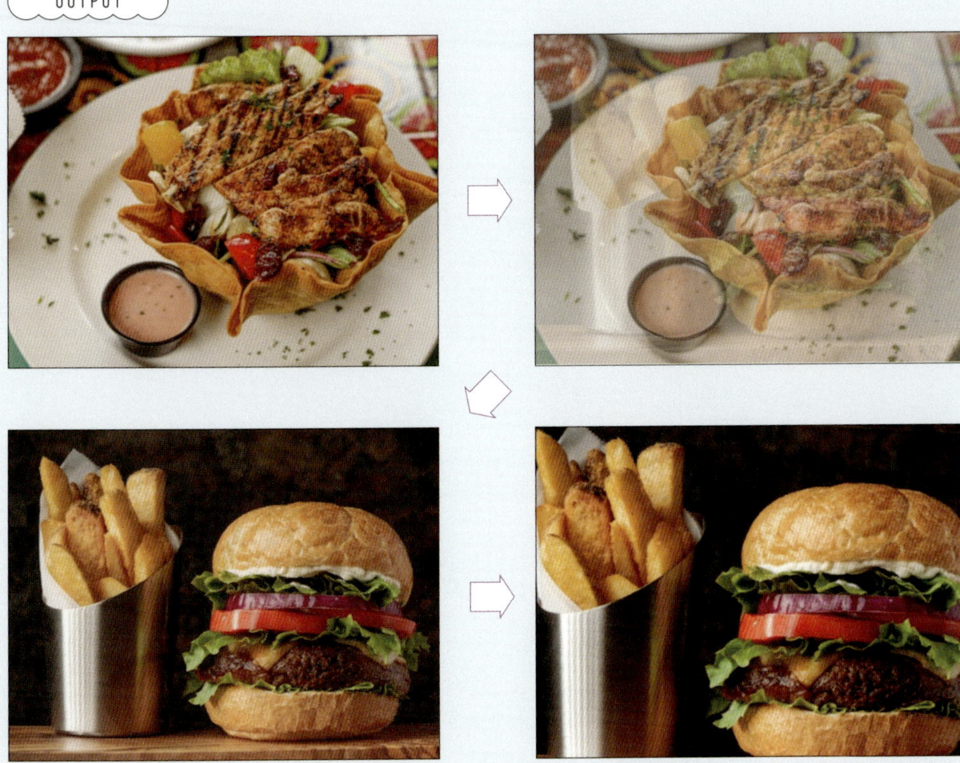

記述例

HTML

```
<div class="gallery-container">
    <img class="gallery-item" src="images/food2.jpg" alt="">
    <img class="gallery-item" src="images/food3.jpg" alt="">
    <img class="gallery-item" src="images/food4.jpg" alt="">
</div>
```

CSS

```css
.gallery-container {
  position: relative;
  width: 400px;
  height: 300px;
  overflow: hidden;
}
.gallery-item {
  position: absolute;
  top: 50%;
  left: 50%;
  width: 100%;
  height: 100%;
  object-fit: cover;
  translate: -50% -50%;
  opacity: 0;
  scale: 1;
  transition: opacity 1s, scale 4s;
}
.gallery-item.active {
  opacity: 1;
  scale: 1.2;
}
```


.gallery-item.activeが付与された画像だけopacity: 1かつscale: 1.2の状態となり、視覚的に表示されます。transition: scale 4s;により、切り替わった画像が4秒かけてゆっくり拡大していきます。

JavaScript

```javascript
const images = document.querySelectorAll('.gallery-item');
let currentIndex = 0;

// ページ読み込み後、初回画像に active を付与して拡大アニメーションを実施
window.addEventListener('load', () => {
  images[currentIndex].classList.add('active');
});

function changeImage() {
  // 現在の画像のactiveを解除
  images[currentIndex].classList.remove('active');

  // 次の画像へ切り替え
  currentIndex = (currentIndex + 1) % images.length;

  // 次の画像にactiveを付与(このときtransitionが実行されて拡大します)
```

```
  images[currentIndex].classList.add('active');
}

// 4秒ごとに画像を切り替え
setInterval(changeImage, 4000);
```

currentIndex（現在の画像番号）を1つ進めながら、.activeクラスをつけ替えています。4秒経過すると次の画像へ切り替えられ、そのたびにゆっくり拡大する演出がループします。

一時停止などをカスタマイズする

ホバーでアニメーションを一時停止

JavaScriptのsetIntervalは、指定した時間間隔で特定の処理（今回は4秒ごとに画像を切り替える処理）を繰り返し実行するためのメソッドで、clearIntervalはsetIntervalを止めるためのメソッドです。以下の例では、setIntervalで継続的に画像を切り替えているので、画像をホバーしたタイミング（mouseenter）でclearIntervalを呼び出し、アニメーションを停止します。マウスカーソルがはずれたタイミング（mouseleave）で再度setIntervalを呼び出せば、切り替えが続行されます。

記述例

JavaScript

```
// マウスカーソルがギャラリーの上に載ったらアニメーション停止
document.querySelector('.gallery-container').addEventListener('mouseenter', () => {
  clearInterval(slideshow);
});

// マウスカーソルがはずれたら再開
document.querySelector('.gallery-container').addEventListener('mouseleave', () => {
  slideshow = setInterval(changeImage, 4000);
});
```

前の画像を少し遅れてフェードアウト

切り替えの順番を、「先に次の画像を表示 → ちょっと遅れて前の画像を消す」にすると、切り替えの瞬間に前の画像が完全に消えないため、画面上で少しだけ重なりが生まれます。JavaScriptのsetTimeoutの時間（ここでは1秒）を調整すれば、どれくらい前の画像が残るかを変えられます。

記述例

JavaScript

```
const images = document.querySelectorAll('.gallery-item');
let currentIndex = 0;

// ページ読み込み後、初回画像にactiveを付与して拡大アニメーションを実施
window.addEventListener('load', () => {
  images[currentIndex].classList.add('active');
});

function changeImage() {
  // まず、次に表示する画像のインデックスを決める
  const nextIndex = (currentIndex + 1) % images.length;

  // 新しい画像を先に表示（active クラスを付ける）
  images[nextIndex].classList.add('active');

  // 少し待ってから、今まで表示していた画像を非アクティブに
  setTimeout(() => {
    images[currentIndex].classList.remove('active');
    currentIndex = nextIndex;
  }, 1000);
  // 1000ミリ秒(1秒)後に前の画像を消すと、わずかに重なりが生まれる
}

// 4秒ごとに画像を切り替え
setInterval(changeImage, 4000);
```

CHAPTER

5

全体の雰囲気を決める背景・画面遷移

背景や画面遷移の演出は、
サイトに臨場感や統一感を与える大切な仕掛けです。
このChapterでは、背景色や画像を徐々に変える方法から動画の配置、
粒子エフェクト、ローディング画面、画面遷移のアニメーションなど、
魅力を高める多彩なテクニックを詳しく紹介します。

背景・画面遷移の役割

Webサイトの背景や画面遷移は、デザイン全体の雰囲気や操作性を左右する重要な要素です。単に見た目を整えるだけでなく、ユーザーが情報を快適に探せるよう導線を示す役割も持ちます。色やテクスチャ、アニメーションなどをバランスよく活用し、Webサイトの印象を高めながら、使いやすさをしっかり確保しましょう。

背景・画面遷移が重要な理由

背景や画面遷移は、ユーザーがWebサイトを訪れた瞬間に目に入る情報のため、Webサイトの第一印象を大きく左右します。例えば背景色や画像は、ページ全体のトーンや雰囲気を演出し、ユーザーの気分や期待を高めます。さらに、ページ移動時のアニメーションや切り替えの仕方は、スムーズな体験を提供し、Webサイトのブランドイメージを統一するのにも効果的です。デザインやコーディングに苦手意識のある人でも、色の組み合わせや基本的なアニメーション効果を少し取り入れるだけで、サイトの完成度がぐっと上がります。

アニメーションが背景・画面遷移に与える効果

操作のスムーズさを演出する

背景や画面の切り替え時にアニメーションを入れると、ユーザーが「次の画面に移る」という動きを自然に感じられます。ページがパッと切り替わるよりも、少しアニメーションが入るほうが操作に一貫性が生まれ、ユーザーがストレスを感じにくくなります。

SEEN

https://seen-villa.jp/

Webサイトの世界観を強調する

背景は閲覧しているWebページの大きな面積を占めています。そんな背景に動きのある演出を加えたり、ページ遷移の際にロゴやアイコンが軽く動いたりすれば、サイトの世界観やブランドイメージをより際立たせることができます。

UUUM株式会社

https://www.uuum.co.jp/

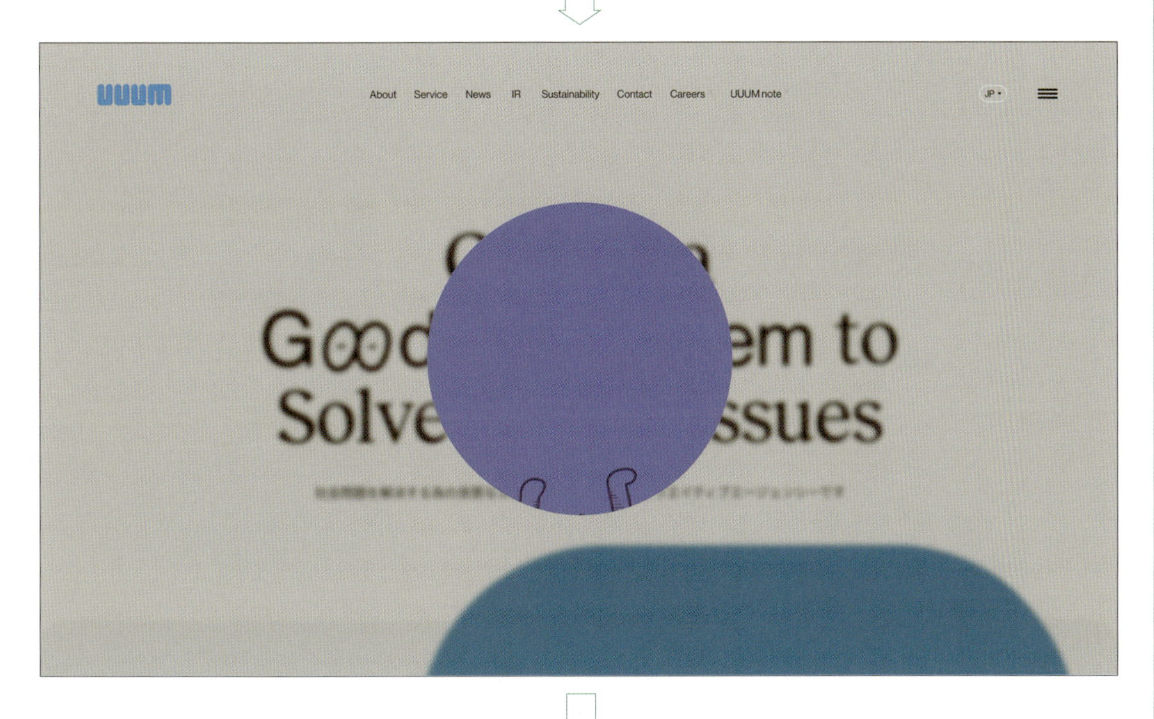

About
Service
News
IR
Sustainability
Contact
Careers
UUUM note
JP

About
Service
News
IR
Sustainability
Contact
Careers
UUUM note
JP

ページを移動するとキャラクターが現れ、すうっと消えていきます。こんなところにも遊び心を加えているんですね

ユーザーが今何をしているところなのかを伝える

ページの読み込み中にローディング画面やローディングアニメーションを表示すると、ユーザーが「今データを読み込み中で待機している状態だ」と直感的に理解できます。こうしたアニメーションによる視覚的なフィードバックが、ユーザーの混乱を防ぎ、使いやすいサイト体験につながります。

TRUNK(HOTEL) YOYOGI PARK

https://yoyogipark.trunk-hotel.com/

実装の注意点

パフォーマンスへの影響に気をつける

高解像度の背景画像や、複雑なアニメーションを多用しすぎると、読み込み速度が遅くなったり、画面がカクカクしたりします。パフォーマンスを優先する場合は、画像のサイズを圧縮したり、アニメーションを最小限に抑えたりして、ユーザーが快適に閲覧できるようにしましょう。

ユーザーの好みや環境に配慮する

背景アニメーションや動画背景を魅力的に見せたくても、ユーザーによっては動きが多いデザインを好まない場合もあります。また、通信環境が限られている場所では、重いアニメーションが原因でページが表示されにくくなるかもしれません。設定でアニメーションをオフにできるようにするなど、多様なユーザー環境を想定してデザインすることが大切です。

コントラストや配色のバランスを考える

背景の色や模様が派手すぎると、文字やボタンが見づらくなることがあります。文字色とのコントラスト（明暗差）をしっかり確保し、ユーザーが内容を正しく認識できるようにすることが大切です。たとえばAdobe Colorでは、文字と背景色の組み合わせが適切かをすぐに確認できます。色が見えにくい人への配慮やアクセシビリティ向上にも役立ちます。参考にするとよいでしょう。

Adobe Color

https://color.adobe.com/ja/create/color-contrast-analyzer

背景色を徐々に変える

[デモファイル]
C5-02-demo

背景色を徐々に変えると、ページの雰囲気を演出したり、ユーザーの目を引きつけたりする効果があります。特に目立たせたい要素やブランドカラーを生かす際にも活用され、多彩な演出が可能です。

基本編：背景色を5色に変化させる

CSS内で.bg-colorクラスの要素に対し、animationプロパティーで「change-color」というアニメーションを設定しています。change-colorでは、最初（0%）と最後（100%）を赤系（#e74c3c）に設定して、間の20%、40%、60%、80%のタイミングで色を段階的に切り替えています。アニメーションが10秒かけて一巡し、その後もinfinite（無限）に繰り返される仕組みです。

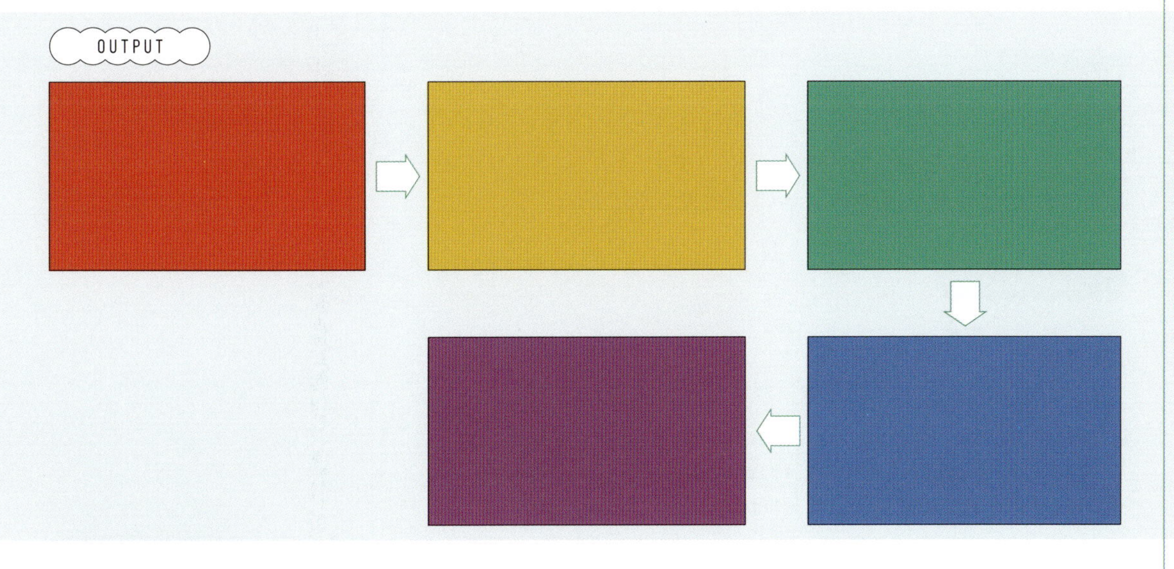

記述例

HTML

```
<div class="bg-color">
    <h2>5色に変化する背景色</h2>
</div>
```

CSS

```css
.bg-color {
  background-color: #e74c3c;
  animation: change-color 10s infinite;
  height: 80vh;
}
@keyframes change-color {
  0%, 100% { background-color: #e74c3c; }
  20% { background-color: #f1c40f; }
  40% { background-color: #1abc9c; }
  60% { background-color: #3498db; }
  80% { background-color: #9b59b6; }
}
```

色数や背景全体をカスタマイズする

色数を増やす

複数の色を使って、よりカラフルな演出をすることもできます。CSSの@keyframes内に追加のステップを入れると、複数段階で変化が起こります。ただし、あまり色数が多すぎると落ち着かない印象になりやすいので、配色バランスには注意しましょう。

記述例

CSS

```css
@keyframes change-color {
  0% { background-color: #e74c3c; }
  20% { background-color: #f1c40f; }
  40% { background-color: #1abc9c; }
  50% { background-color: #2ecc71; } /* 追加例 */
  60% { background-color: #3498db; }
  80% { background-color: #9b59b6; }
  100% { background-color: #e74c3c; } /* 追加例 */
}
```

背景全体を変化させる

ページ全体の背景色を変化させたい場合は、CSSのbody要素に対して同じようなアニメーションを設定するだけでOKです。ただし、テキストやボタンなど、ほかの要素の見え方が変わらないように、コントラストや視認性をしっかり確認してください。

記述例

CSS

```
body {
  animation: body-change 10s infinite;
}
@keyframes body-change {
  0%, 100% { background-color: #e74c3c; }
  25% { background-color: #f1c40f; }
  50% { background-color: #1abc9c; }
  75% { background-color: #3498db; }
}
```

応用編：背景色をランダムに変化させる

JavaScriptを使えば、もっと自由に演出を操作できるようになります。ここでは、一定時間でランダムに背景色が変わるサンプルコードを紹介します。CSSアニメーションとは異なり、プログラムで毎回色を生成するため、予想できないカラーの組み合わせを楽しめるのがポイントです。

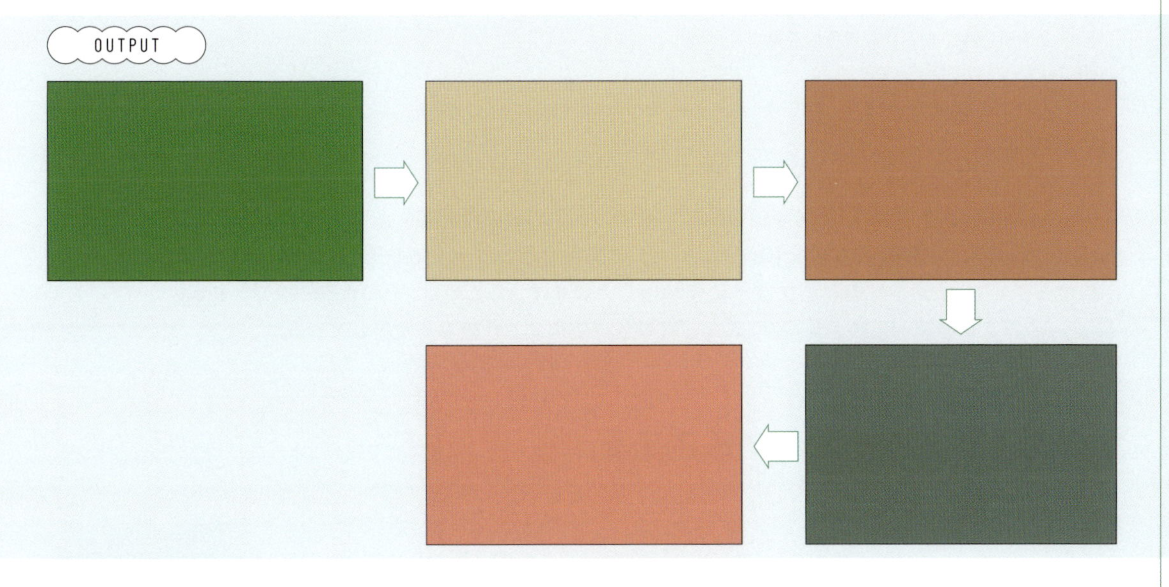

記述例

HTML

```
<div class="bg-random">
    <h2>ランダムに変化する背景色</h2>
</div>
```

CSS

```
.bg-random {
  background-color: #e74c3c;
  height: 80vh;
  transition: background-color 3s; /* 色がふんわり変わる演出 */
}
```

JavaScript

```
// ランダムカラー生成用関数
const getRandomColor = () => {
  const letters = '0123456789ABCDEF';
  let color = '#';
  for (let i = 0; i < 6; i++) {
    color += letters[Math.floor(Math.random() * 16)];
  }
  return color;
}

const target = document.querySelector('.bg-random');

// 一定間隔(3秒)ごとに背景色を変更
setInterval(() => {
  target.style.backgroundColor = getRandomColor();
}, 3000);
```

Math.random()とは、0以上1未満の疑似乱数を返すJavaScriptの機能です。getRandomColor()関数で16進数（0～9とA～F）の文字をランダムに6つ選び、#の後ろに組み合わせることで、予測不可能な色を次々に作り出しています。ここでは、その色を3秒ごとにbg-randomクラスの要素へ反映させ、毎回異なる背景色へ変化する仕組みを実行しています。

色やクリックでカスタマイズする

特定の色を除外する

時には、読みにくい背景色を避けたいこともあります。そんな場合は、生成された色が特定の範囲に入ったら生成し直す、という工夫が可能です。

JavaScript

```
const getRandomColor = () => {
```

```
  const letters = '0123456789ABCDEF';
  let color;
  do {
    color = '#';
    for (let i = 0; i < 6; i++) {
      color += letters[Math.floor(Math.random() * 16)];
    }
  } while (color === '#FFFFFF'); // 例:白色だったら作り直し
  return color;
}
```

JavaScript内の「do ... while(条件)」は、ブロック内を一度実行したうえで、条件式が真であるかを判定し、真ならば再度ブロックを実行する構文です。この例では、生成された色が「#FFFFFF」だった場合に再度生成を続け、ほかの色が出るまで繰り返します。

クリックイベントで色を変える

背景色の切り替えを「クリックしたとき」など、ユーザーのアクションに限定したい場合は、JavaScriptでsetIntervalの代わりにaddEventListenerを使ってみましょう。イベントが発生したときだけ、getRandomColor()が呼ばれるように設定できます。

記述例

HTML

```
<button id="change-btn">色を変更</button>
<div class="bg-random">
  <h2>ランダムに変化する背景色</h2>
</div>
```

JavaScript

```
document.getElementById('change-btn').addEventListener('click', () => {
  target.style.backgroundColor = getRandomColor();
});
```

上記の例では、[色を変更] ボタンをクリックするたびにJavaScript内のgetRandomColor()関数で生成された色がCSSのbg-randomに適用されます。ユーザーの操作に応じて色が変わるので、インタラクティブな演出を行う際に便利です。

背景画像を変える

［デモファイル］
C5-03-demo

ページの背景画像を自動的に切り替え、数枚の画像を循環させることで、季節感やイベントに合わせた演出がしやすくなります。Webサイトを動的に見せたいときや、商品・サービスのイメージを複数アピールしたいときなどに有効です。

基本編：4枚の背景画像を切り替える

背景画像が定期的に変わる設定をしてみましょう。基本編では、4枚の画像を順番に切り替える例を紹介します。CSS内で.bg-imgに@keyframes change-imageを適用し、15秒ごとに画像が切り替わるよう設定しています。0%と100%を同じ画像にすることで、アニメーションが一巡したときに自然につながります。画像の切り替わり方やタイミングは、スライドショーのような演出にも活用できます。

OUTPUT

HTML

```
<div class="bg-img">
    <h2>4枚の画像に変化する背景</h2>
</div>
```

CSS

```
.bg-img {
  background-image: url('images/bg1.jpg');
  background-size: cover;
  animation: change-image 15s infinite;
  height: 80vh;
}
@keyframes change-image {
  0%, 100% { background-image: url('images/bg1.jpg'); }
  25% { background-image: url('images/bg2.jpg'); }
  50% { background-image: url('images/bg3.jpg'); }
  75% { background-image: url('images/bg4.jpg'); }
}
```

速度と位置をカスタマイズする

切り替えの速度を調整する

画像が変わる速度（周期）を変えるには、CSS内にある.bg-imgのanimation: change-image 15s infinite;の15sを変更してください。例えば、10秒や20秒など、好みに応じて調節すると演出の印象が大きく変わります。

背景位置を調整する

被写体が大きすぎたり、見せたい部分が隠れてしまったりする場合は、CSSのbackground-positionで表示位置を細かくコントロールできます。例えばcenter topやcenter center, right centerなどいろいろ試せます。

記述例

CSS

```
.bg-img {
  background-position: center top; /* 上部中央に表示 */
}
```

応用編：時間帯に応じて画像を切り替える

ユーザーがWebサイトを訪れた時間帯によって朝・昼・夜の背景画像を表示するなど、動的で工夫のあるWebサイトを作れます。JavaScriptを使うと条件分岐やイベントに合わせて切り替えられるので、より柔軟な演出が可能です。

OUTPUT

記述例

HTML

```html
<div class="bg-time">
    <h2>時刻に応じた背景切り替え</h2>
</div>
```

CSS

```css
.bg-time {
  background-size: cover;
  height: 80vh;
}
.morning {
```

```css
  background-image: url('images/morning.jpg');
}
.daytime {
  background-image: url('images/daytime.jpg');
}
.night {
  background-image: url('images/night.jpg');
}
```

JavaScript

```javascript
// 現在の時刻(時)を取得
const currentHour = new Date().getHours();

const target = document.querySelector('.bg-time');
if (currentHour >= 5 && currentHour < 11) {
  // 朝:5時〜10時
  target.classList.add("morning");
} else if (currentHour >= 11 && currentHour < 17) {
  // 昼:11時〜16時
  target.classList.add("daytime");
} else {
  // 17時〜翌4時
  target.classList.add("night");
}
```

JavaScriptのnew Date().getHours()は、ユーザーがアクセスしたデバイスの時刻（0〜23）を取得します。時刻によってクラスをつけ替えることで、あらかじめCSSに定義しておいた朝・昼・夜の背景画像を簡単に切り替えることができます。時間帯をさらに細かく分けたい場合も、条件式を追加するだけで対応可能です。

時間の境界をカスタマイズする

時間の境界を変える

応用編のコードでは、現在は5時〜10時を朝、11時〜16時を昼、17時〜翌4時を夜と定義していますが、サイトのコンセプトに合わせて区分を調整するのがおすすめです。例えば、もう少し早い時間を「朝」にしたいなど、JavaScriptにあるif文の条件部分を変更するだけで簡単に切り替えられます。

背景に動画を配置する

[デモファイル]
C5-04-demo

背景に動画を配置すると、写真では表現しにくい「動き」や「臨場感」を生み出せます。視覚的なインパクトが高まるので、ブランドイメージを印象づけたいトップページや、サービス内容をドラマチックに演出したいときにおすすめです。適切な動画を使用することで、サイトの世界観を強く引き立てます。

基本編：動画を自動再生する

基本編では、シンプルに動画を自動再生する背景を作る方法を紹介します。HTMLの<video>タグにautoplay、loop、muted、playsinlineといった属性を加えておくと、音声なし・繰り返し再生の背景動画として実装できます。また、<video>タグ内に<img>タグを用意しておくと、万が一動画が再生されない場合でも、画像が代わりに表示されるので安心です。

OUTPUT

記述例

HTML

```
<div class="video-container">
    <h2 class="video-heading">再生し続ける背景動画</h2>
      <video class="video-bg" autoplay loop muted playsinline>
```

```
    <source src="images/bg-flower.mp4" type="video/mp4">
     <!-- ブラウザーが video に対応していない場合や動画のロードに失敗した場合のみこの画像が表示される
-->
    <img src="images/bg-flower.jpg" alt="お花畑">
  </video>
</div>
```

playsinlineとは、スマートフォンなどのモバイル環境で動画をフルスクリーンにせず、ページ内で再生させるための属性です。

CSS

```
.video-container {
  position: relative;
}
.video-heading {
  position: absolute;
  z-index: 1;
  background-color: #000;
  display: inline-block;
  padding: 1rem;
  color: #fff;
}
.video-bg {
  width: 100%;
  height: auto;
  margin-bottom: 2rem;
}
```

動画の停止や代替画像をカスタマイズする

動画を繰り返し再生させない

動画を一度最後まで再生させた後、繰り返さずに停止させるには、HTMLにある<video>タグのloopをはずすだけでOKです。動きを見せたいけれど、長時間ユーザーの邪魔をさせたくない場合に実装してみるといいでしょう。

動画が再生できない場合の代替画像をカスタマイズ

HTMLの<video>タグ内部に記述した<img>タグは、動画が再生できない環境で表示されます。画像サイズやデザインを工夫しておけば、ユーザー体験を損なわずに動画の代わりの情報を伝えられます。

応用編：ホバーすると再生する

初期状態では静止画を表示し、ユーザーが興味を持って画面をホバーした瞬間に動画が再生される仕組みです。商品ギャラリーのサムネイルや、動きを使って注目してもらいたい演出などに応用でき、動きがある分インパクトを与えやすくなります。

OUTPUT

記述例

HTML

```
<div class="hover-container">
    <img class="hover-img" src="images/bg-flower.jpg" alt="">
     <video class="hover-video" src="images/bg-flower.mp4" autoplay loop muted
playsinline>
</div>
```

CSS

```
.hover-container {
  position: relative;
}
.hover-img,
.hover-video {
  position: absolute;
```

```css
  top: 0;
  left: 0;
  width: 600px;
  height: auto;
  display: block;
}
/* 初期表示は画像だけ見せる(動画は非表示) */
.hover-video {
  display: none;
}
```

JavaScript

```javascript
const hoverVideo = document.querySelector('.hover-container');

if (hoverVideo) {
  const video = hoverVideo.querySelector('.hover-video');
  const image = hoverVideo.querySelector('.hover-img');

  // ホバー時の挙動
  hoverVideo.addEventListener('mouseenter', () => {
    // 画像を消して、動画を表示
    image.style.display = 'none';
    video.style.display = 'block';

    // 動画を先頭から再生
    video.currentTime = 0;
    video.play();
  });

  // マウスカーソルがはずれたときの挙動
  hoverVideo.addEventListener('mouseleave', () => {
    // 再生を止める
    video.pause();

    // 再び画像を表示、動画を非表示
    video.style.display = 'none';
    image.style.display = 'block';
  });
}
```

応用編の例では、JavaScriptのmouseenterとmouseleaveイベントで動画と画像を切り替えています。ホバー時には画像を隠し、動画を表示します。画像からマウスカーソルがはずれると動画を停止して再び画像を出す仕組みです。ユーザーの行動をトリガーに活用することで、不要な場合には動画を再生せず、Webサイトの負荷も抑えられます。

クリックで再生／停止をカスタマイズする

動画をクリックで再生／停止

ホバーを使わず、クリック操作で動画を再生または停止させることも可能です。以下ではシンプルに[再生]ボタンまたは[停止]ボタンを設置し、クリックするたびに切り替えています。

記述例

HTML

```html
<div class="toggle-container">
  <button id="toggleBtn">再生</button>
  <video class="toggle-video" src="images/bg-flower.mp4" muted playsinline></video>
</div>
```

JavaScript

```javascript
const toggleBtn = document.querySelector('#toggleBtn');
const toggleVideo = document.querySelector('.toggle-video');
let isPlaying = false; // 再生状態を管理

toggleBtn.addEventListener('click', () => {
  if (!isPlaying) {
    toggleVideo.play();    // 動画再生
    toggleBtn.textContent = '停止';
    isPlaying = true;
  } else {
    toggleVideo.pause();   // 動画停止
    toggleBtn.textContent = '再生';
    isPlaying = false;
  }
});
```

ボタンがクリックされるたびにplay()とpause()を切り替え、テキストも「再生 ⇔ 停止」で変更しています。

粒子を散りばめる

[デモファイル]
C5-05-demo

画面全体に粒子（パーティクル）を散りばめると、静止した背景にはない華やかさや動きを演出できます。簡単なアニメーションを加えるだけで雪のような粒や、キラキラとした星のような動きを表現でき、季節感や特別なイベントのムードを盛り上げたいときにも重宝します。

基本編：雪を降らせる

まずは雪が降るような粒子アニメーションを作ってみましょう。ポイントは、HTML要素をランダムな位置に配置しつつ、一定時間ごとに削除・生成を繰り返すことです。
ここでは、JavaScriptにあるsetIntervalで0.2秒ごとにcreateParticle()を実行し、粒子となるHTML内の<div>要素を生成しています。CSSのアニメーションでは、最初は透明（opacity: 0）で表示し、途中で表示してから下へ降ろすように見せるだけで、雪のような演出が簡単に再現できます。また、CSSでoverflow: hidden;を使うことで画面外に飛び出す要素を隠し、視覚的にすっきりとまとめられます。

HTML

```
<div id="particle-container">
    <h2>雪を降らせる</h2>
</div>
```

CSS

```
#particle-container {
  position: relative;
  width: 100%;
  height: 80vh;
  overflow: hidden;
  background: radial-gradient(#237, #014);
}
.particle {
  background-color: #fff;
  border-radius: 50%;
  position: absolute;
  width: 10px;
  height: 10px;
  pointer-events: none;
  animation: snow 5s linear infinite;
}
@keyframes snow {
  0% {
    translate: 0 0;
    opacity: 0;
  }
  20% {
    opacity: 1;
  }
  100% {
    translate: 0 100px;
    opacity: 0;
  }
}
```

JavaScript

```
const containerSnow = document.querySelector('#particle-container');

const createParticle = () => {
  const particle = document.createElement('div');
```

```
  particle.classList.add('particle');

  // ランダムな位置を設定
  particle.style.left = `${Math.random() * 100}vw`;
  particle.style.top = `${Math.random() * 100}vh`;

  containerSnow.appendChild(particle);

  // 一定時間後に削除
  setTimeout(() => {
    particle.remove();
  }, 5000); // 5秒後に削除
}

setInterval(createParticle, 200); // 0.2秒ごとに粒子を生成
```

色やサイズをカスタマイズする

色や大きさを変える

粒子のサイズを変えて多彩な印象を与えることができます。CSSの.particleに記述されたbackground-color、width、heightの数値を変更してみましょう。

記述例

CSS

```
.particle {
  background-color: #ffd700; /* ゴールドカラー */
  width: 8px;
  height: 8px;
}
```

横に揺らしてみる

雪が真下だけでなく少し風に流されているように見せたい場合は、@keyframes snow内でtranslateのX座標を変化させると、粒子がゆらゆら漂う表現も可能です。

記述例

CSS

```
@keyframes snow {
```

```
  0% {
    translate: 0 0;
    opacity: 0;
  }
  50% {
    translate: 20px 50px;
    opacity: 1;
  }
  100% {
    translate: 10px 100px;
    opacity: 0;
  }
}
```

応用編：キラキラを散りばめる

さらに華やかな演出として、SVGで作った星形のパスを散りばめるアニメーションを紹介します。こちらはキラキラした星が画面上にランダムに出現し、アニメーションが終わると消える仕組みです。JavaScriptでcreateElementNSを使って直接SVGを生成し、さまざまな場所に追加できます。createElementNSとは、HTML以外の要素（SVGなど）を生成するときに使うメソッドです。名前空間（Namespace）を指定する必要があります。

OUTPUT

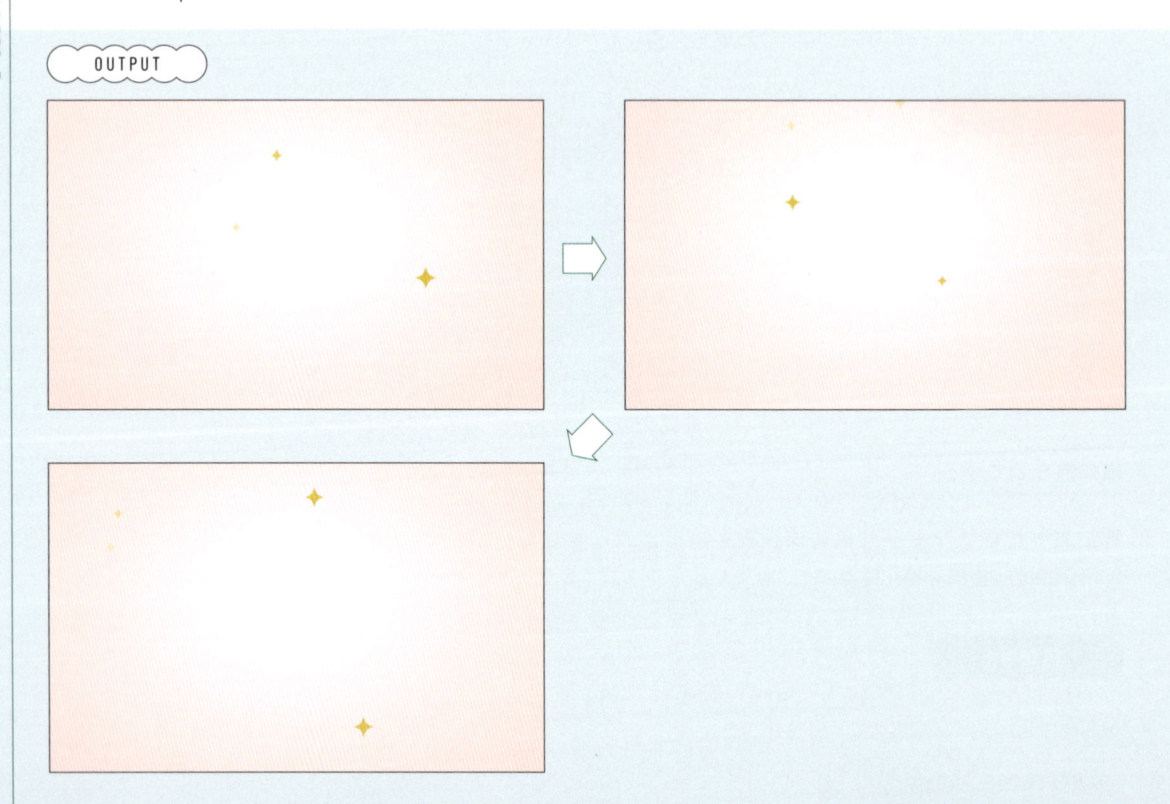

HTML

```
<div id="star-container">
    <h2>キラキラを散りばめる</h2>
</div>
```

CSS

```
#star-container {
  width: 100%;
  height: 80vh;
  position: relative;
  background: radial-gradient(#fff, #fee);
}
.svg-element {
  position: absolute;
  fill: #fd3;
  animation: kirakira 2.5s forwards;
}
@keyframes kirakira {
  0%, 100% {
    opacity: 0;
    scale: .5;
  }
  50% {
    opacity: 1;
    scale: var(--mid-scale);
  }
}
```

JavaScript

```
const containerStar = document.querySelector('#star-container');

// SVG を生成して、ランダムな位置 & 大きさで表示する関数
const showRandomSVG = () => {
  // SVG 名前空間
  const svgNS = "http://www.w3.org/2000/svg";

  // SVG 要素を作成
  const svgEl = document.createElementNS(svgNS, "svg");
  // SVG の表示領域(viewBox)やサイズを設定
  svgEl.setAttribute('viewBox', '0 0 40 40');
  svgEl.setAttribute('width', '40');
```

```
  svgEl.setAttribute('height', '40');

  // キラキラのパス要素を作成
  const path = document.createElementNS(svgNS, "path");
  path.setAttribute('d', 'M40,20c-13.33,3.68-16.32,6.67-20,20-3.68-13.33-6.67-16.32-20-
20C13.33,16.32,16.32,13.33,20,0c3.68,13.33,6.67,16.32,20,20Z');
  // SVG 要素にパスを追加
  svgEl.appendChild(path);

  // ランダム座標 (left, top) を算出
  const maxX = containerStar.clientWidth - 40;  // 40px 分の余白
  const maxY = containerStar.clientHeight - 40;
  const x = Math.random() * maxX;
  const y = Math.random() * maxY;

  // 絶対配置用のスタイルを設定
  svgEl.style.left = x + 'px';
  svgEl.style.top = y + 'px';

  // ランダムな拡大縮小用の値を生成 (0.5 ~ 1.2 の間)
  const midScale   = (0.5 + Math.random() * 0.7).toFixed(2);

  // CSS 変数に代入
  svgEl.style.setProperty('--mid-scale', midScale);

  // アニメーション適用用クラスを付与
  svgEl.classList.add('svg-element');

  // コンテナに追加
  containerStar.appendChild(svgEl);

  // アニメーション終了後に要素を削除 (メモリ解放)
  svgEl.addEventListener('animationend', () => {
    containerStar.removeChild(svgEl);
  });
}

// 0.5秒ごとに新しい SVG を出現させる
setInterval(showRandomSVG, 500);
```

JavaScript内のsetIntervalを使って0.5秒おきに新しい星(SVG)を生成し、animationendでアニメーションが完了したら要素を削除する仕組みです。CSSの@keyframes kirakiraでは星がスケールアップし、途中で最も光って見えるように不透明度と拡大率を高めています。複雑なグラフィックを使わずとも、SVGのパス(形)を工夫するだけでさまざまなビジュアルが作れます。

ローディング画面

ローディング画面は、ページ読み込みが完了するまでにユーザーを退屈させず、見やすい状態に保つために役立ちます。大きな画像や動画を扱うときに特に有効で、メインコンテンツの準備が整うまでの間、進捗状況を伝えたりデザイン演出を追加できたりと、快適なユーザー体験を提供できます。

[デモファイル]
C5-06-demo1～2

基本編：円が拡大した後に画像を見せる

基本編では、画面中央に円が拡大するようなアニメーションを置き、ロードが完了したらアニメーションを消してメインコンテンツを見せる流れを紹介します。JavaScriptでページの読み込み完了イベント（loadイベント）を受け取り、CSSクラスを切り替えてローディング画面をフェードアウトさせるのがポイントです。
CSSでシンプルな円の拡大アニメーションを作り、ロード中だけ#loadingが全画面を覆っています。ページが読み込まれると、loadedクラスを付与してフェードアウトさせる流れです。z-index: 9999;を利用することで、メインコンテンツの上に重なるように表示できます。

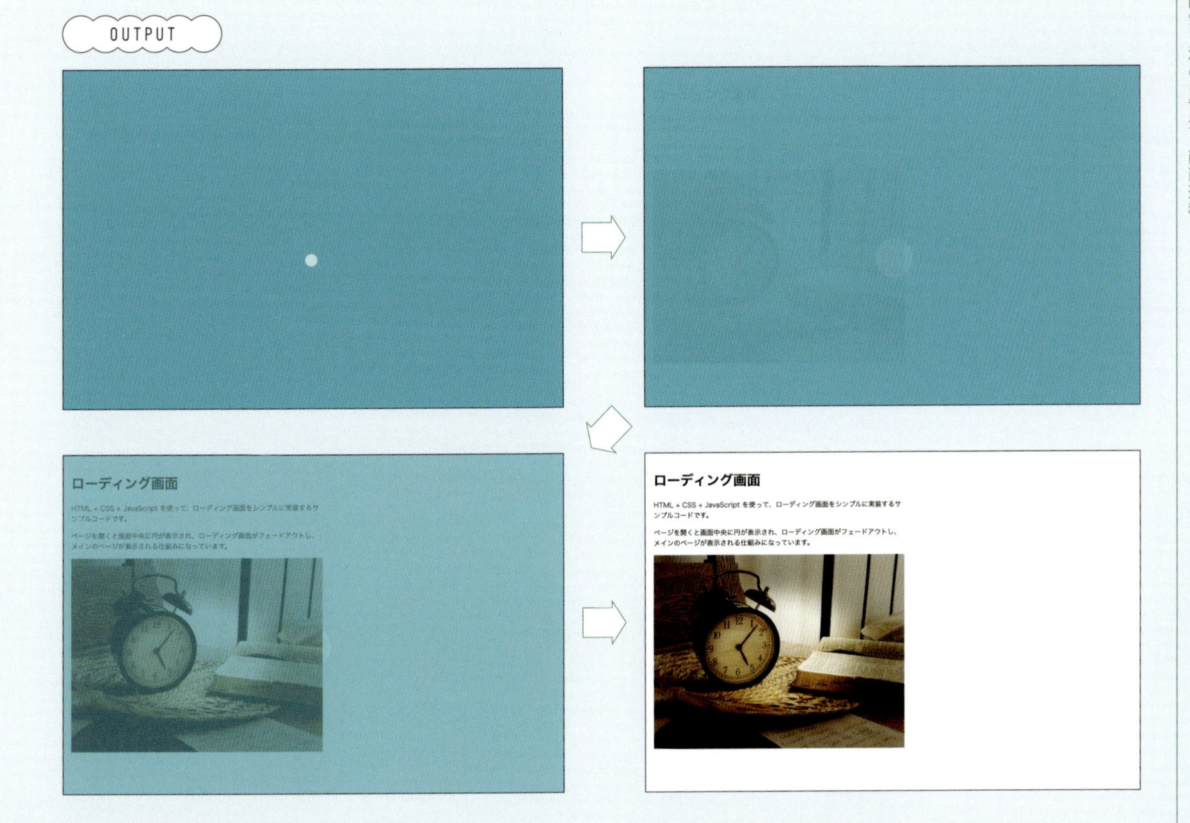

記述例

[デモファイル] C5-06-demo1
https://codepen.io/manabox/pen/xbKWbJX/

HTML

```
<body>
  <!-- ローディング用の要素 -->
  <div id="loading">
    <div class="spinner"></div>
  </div>

  <!-- メインコンテンツ -->
  <div id="main">
    <h1>ローディング画面</h1>
     <p>HTML + CSS + JavaScript を使って、ローディング画面をシンプルに実装するサンプルコードです。</
p>
     <p>ページを開くと画面中央に円が表示され、ローディング画面がフェードアウトし、メインのページが表示される
仕組みになっています。</p>
    <img src="images/clock.jpg" alt="">
  </div>
</body>
```

CSS

```
/* ローディング画面のスタイル */
#loading {
  /* 全画面を覆う */
  position: fixed;
  top: 0;
  left: 0;
  width: 100%;
  height: 100%;

  /* 中央配置 */
  display: flex;
  justify-content: center;
  align-items: center;

  background-color: #0bd;

  /* フェードアウトのアニメーション用 */
  transition: 1s ease;
  z-index: 9999; /* 一番手前に表示するための指定 */
}
```

```css
.spinner {
  width: 100px;
  height: 100px;
  background-color: #fff;
  border-radius: 100%;
  animation: sk-scaleout 1s infinite ease-in-out;
}

/* ローディングアニメーション */
@keyframes sk-scaleout {
  0% {
    scale: 0;
  } 100% {
    scale: 1;
    opacity: 0;
  }
}

/* ローディング完了時 */
.loaded {
  opacity: 0;
  visibility: hidden;
}
```

JavaScript

```javascript
window.addEventListener('load', () => {
  const loadingElement = document.querySelector('#loading');
  // ローディングが終了したらクラスを付与
  loadingElement.classList.add('loaded');
});
```

表示のタイミングをカスタマイズする

メインコンテンツの表示タイミングを遅らせる

ロード完了と同時にフェードアウトさせるのではなく、あえて少し余裕を持たせたい場合は、JavaScriptでsetTimeoutを使う方法があります。例えばloadingElement.classList.add('loaded');の部分を以下のように書き換えると、ロード完了後、1秒待ってからクラスを付与します。

JavaScript

```
window.addEventListener('load', () => {
  const loadingElement = document.querySelector('#loading');
  setTimeout(() => {
    loadingElement.classList.add('loaded');
  }, 1000); // 1000ミリ秒(1秒)後にフェードアウト
});
```

ローディング画面の色や形を変える

CSSで、background-colorや.spinnerの大きさ、または色を変えて、好みの見た目にしましょう。丸ではなく四角や三角形など、あえて個性的な形状にすることでブランドイメージをさらに強調できます。

ローディングアニメーションいろいろ

ローディングアニメーションをイチから自分で作るとなると大変かと思いますが、手軽に実装できるコードを紹介しているWebサイトが多々ありますよ。これらをそのまま利用してもいいですし、色や形をカスタマイズしてみてもいいですね。

Webサイト	URL
Single Element CSS Spinners	https://lukehaas.me/projects/css-loaders/
SpinKit	https://tobiasahlin.com/spinkit/
Epic Spinners	https://epic-spinners.vuestic.dev/
Three Dots	https://nzbin.github.io/three-dots/
CSSPIN	https://webkul.github.io/csspin/

応用編:ロードの進みを表示させる

数値が少しずつ進んで「100%」になったらローディングが消えるという演出もよく見かけますよね。ユーザーに「今どのくらいロードが進んでいるのか」を伝えられるので、リッチなコンテンツや大容量リソースを読み込むサイトで特に活躍します。

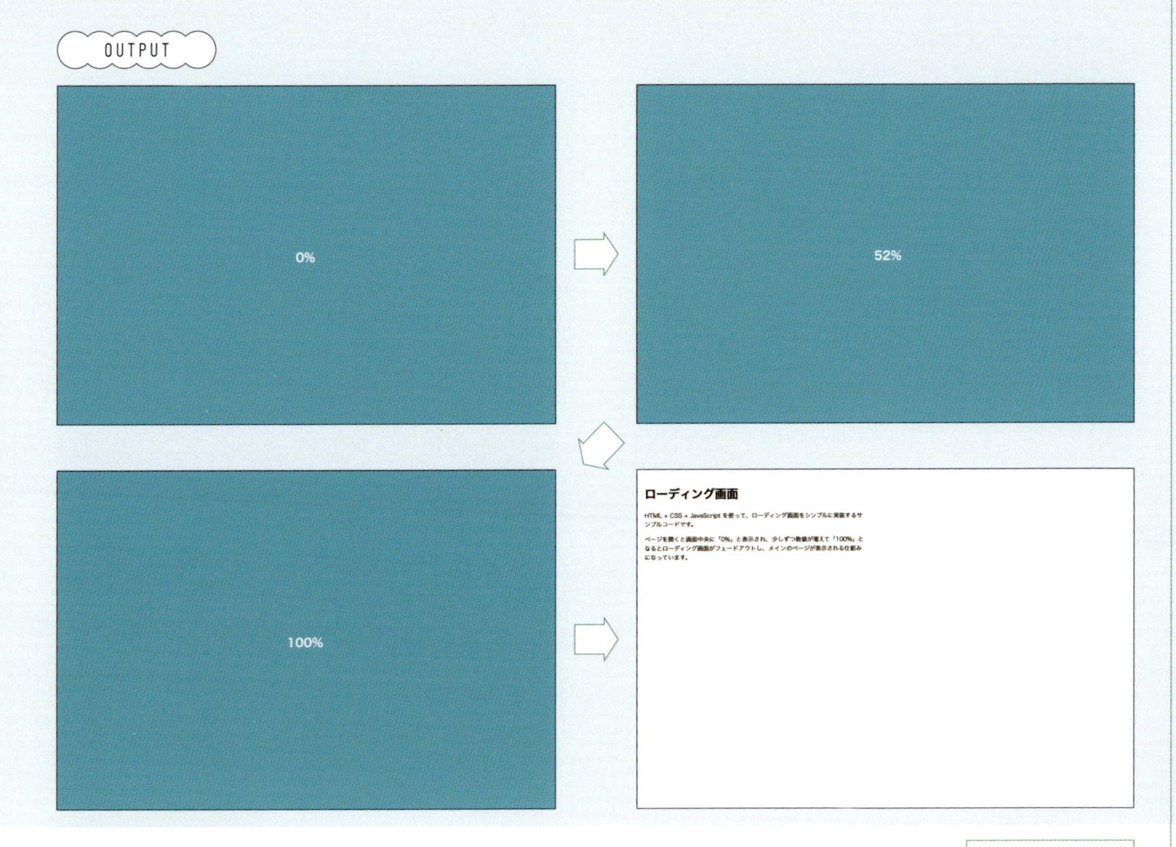

[デモファイル] C5-06-demo2
https://codepen.io/manabox/pen/xbKYvrd/

https://codepen.io/manabox/pen/xbKYvrd/

HTML

```html
<!-- ローディング用の要素 -->
<div id="loading">0%</div>

<!-- メインコンテンツ -->
<div id="main">
    <h1>ローディング画面</h1>
    <p>HTML + CSS + JavaScript を使って、ローディング画面をシンプルに実装するサンプルコードです。</p>
    <p>ページを開くと画面中央に「0%」と表示され、少しずつ数値が増えて「100%」となるとローディング画面がフェードアウトし、メインのページが表示される仕組みになっています。</p>
</div>
```

CSS

```css
/* ローディング画面のスタイル */
#loading {
  /* 全画面を覆う */
```

```
  position: fixed;
  top: 0;
  left: 0;
  width: 100%;
  height: 100%;

  /* 背景や文字のデザイン */
  background-color: #0bd;
  display: flex;
  align-items: center;
  justify-content: center;
  font-size: 2rem;
  font-weight: bold;
  color: #fff;

  /* フェードアウトのアニメーション用 */
  transition: opacity 1s ease;
  z-index: 9999; /* 一番手前に表示するための指定 */
}

/* フェードアウトするためのクラス */
.fade-out {
  opacity: 0;
  pointer-events: none; /* クリックなどを受けつけない */
}
```

JavaScript

```
const loadingElement = document.getElementById('loading');

// 進捗状況の数値
let progress = 0;

// 10ミリ秒ごとに数値を加算しテキストを更新する
const intervalId = setInterval(() => {
  progress++;
  loadingElement.textContent = progress + '%';

  // 100% に達したらローディングを終了し、フェードアウト
  if (progress >= 100) {
    clearInterval(intervalId);
    loadingElement.classList.add('fade-out');
  }
}, 10);
```

例えばJavaScriptでsetInterval(() => { ... }, 10)と書くと、10ミリ秒ごとに{ ... }内の処理が実行されます。これによって、進捗状況を1%、2%…と連続で更新し、ユーザーにカウントアップの様子を見せられます。その後カウントが100%に到達したら、これ以上進捗を更新する必要がないためclearIntervalを呼び出し、繰り返し処理を終了させます。こうすることで、不要な処理がいつまでも実行されずに済み、ブラウザーへの負荷を減らせるわけです。
ただし、このサンプルでは単純にインターバルで数値を増やしているだけなので、実際のファイル読み込みの進捗とは関連していません。実際の読み込み状況に沿った進捗を見せたい場合は、ファイルの読み込み情報を取得するなど、また別の実装が必要になります。

数字やアニメーションをカスタマイズする

数字とアニメーションを組み合わせる

数値だけでなく、アニメーションでバーを伸ばす演出やアイコンを変化させるなど、視覚的に進捗を示す工夫を加えられます。例えば、棒グラフ風に横線を伸ばす演出や、ロゴが少しずつ完成していく演出などで、より印象的になります。

アニメーションが終わったら自動的に別のページへ移動する

ローディング完了後、自動的にほかのページやメインサイトへリダイレクトする場合は、JavaScript内でloadingElement.classList.add('fade-out');の後にlocation.href = 'nextpage.html';などの処理を追加します。キャンペーンページや特設サイトなどで活用できます。

画面遷移のアニメーション

画面遷移のアニメーションを加えることで、ページの読み込みや切り替え時に動きが生まれ、ユーザーが違和感なく次のコンテンツに移動できるようになります。単にページが切り替わるだけより、ブランドイメージやサイトの雰囲気を高める演出が可能です。特にコンテンツが多いサイトや、ビジュアルにこだわりたいプロジェクトにおすすめです。

[デモファイル]
C5-07-demo1〜2

基本編：ローディングのパネルをスライドさせる

ページ読み込み時に「ローディングのパネル」がスライドするように消え、メインコンテンツを表示する仕組みを作ります。CSSでtransform-originとscale（拡大・縮小）を使ったシンプルなアニメーションを設定し、JavaScriptで読み込み完了イベント（load）が発生したタイミングでクラスをつけ替えています。
transform-originは、アニメーションや変形（transform）を行う起点（基準点）を指定するCSSプロパティーです。

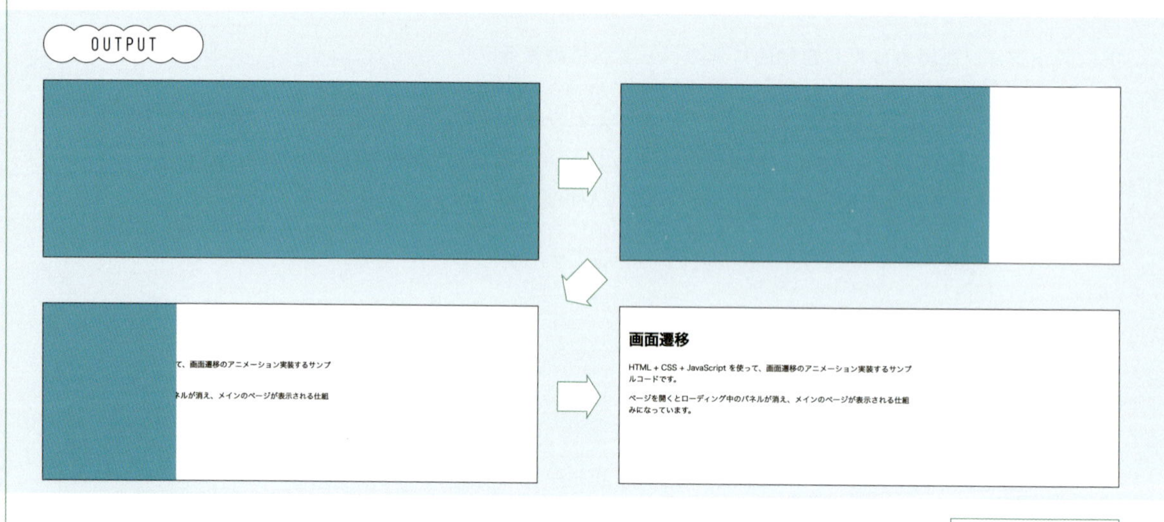

記述例

[デモファイル] C5-07-demo1
https://codepen.io/manabox/pen/xbKWbOg/

https://codepen.io/manabox/pen/xbKWbOg/

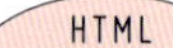
HTML

```
<!-- ローディング用の要素 -->
<div id="loading"></div>

<!-- メインコンテンツ -->
<div id="main">
```

```
    <h1>画面遷移</h1>
    <p>HTML + CSS + JavaScript を使って、画面遷移のアニメーション実装するサンプルコードです。</p>
    <p>ページを開くとローディング中のパネルが消え、メインのページが表示される仕組みになっています。</p>
</div>
```

CSS

```
#loading {
  background: #0bd;
  position: fixed;
  width: 100%;
  height: 100%;
  top: 0;
  left: 0;
  transform-origin: left top;
}
.loading-animation {
  animation: slide 1s ease forwards;
}
@keyframes slide {
  0% { scale: 1; }
  100% { scale: 0 1; }
}
```

JavaScript

```
window.addEventListener('load', () => {
  const loadingElement = document.querySelector('#loading');
  // ローディングが終了したらクラスを付与
  loadingElement.classList.add('loading-animation');
});
```

ページ読み込みが完了すると、#loading要素の横方向に縮小するアニメーションが走り、最終的には画面外へ消えていきます。CSSのtransform-originを左上に指定することで、左上を起点にビューが縮んでいく演出を行っています。

向きや背景画像をカスタマイズする

スライドする方向を変える

CSS内のtransform-origin: left top;をright topやcenter topなどに変えれば、アニメーションの縮む方向を自由にコントロールできます。サイトのレイアウトや演出に合わせて調整してみましょう。

CSS

```css
#loading {
  transform-origin: right top;
}
```

背景画像を入れ込む

ローディングパネルに背景画像を設定すれば、ブランディング要素を入れたり、メインとは別のビジュアルを見せたりできます。画面遷移時の見た目にもこだわることで、訪問者を引きつける「入り口」演出を作り込めます。

記述例

CSS

```css
#loading {
  background: url('loading-image.jpg') no-repeat center / cover;
}
```


応用編：メインコンテンツを表示させる

応用編では、メインコンテンツ自体をフェードイン＋拡大縮小のアニメーションで表示する例を紹介します。ローディング要素を使わず、ページが開いた瞬間にメイン要素がふわっと浮き上がるような印象を作れるので、イメージを際立たせたいトップページなどで活用できます。

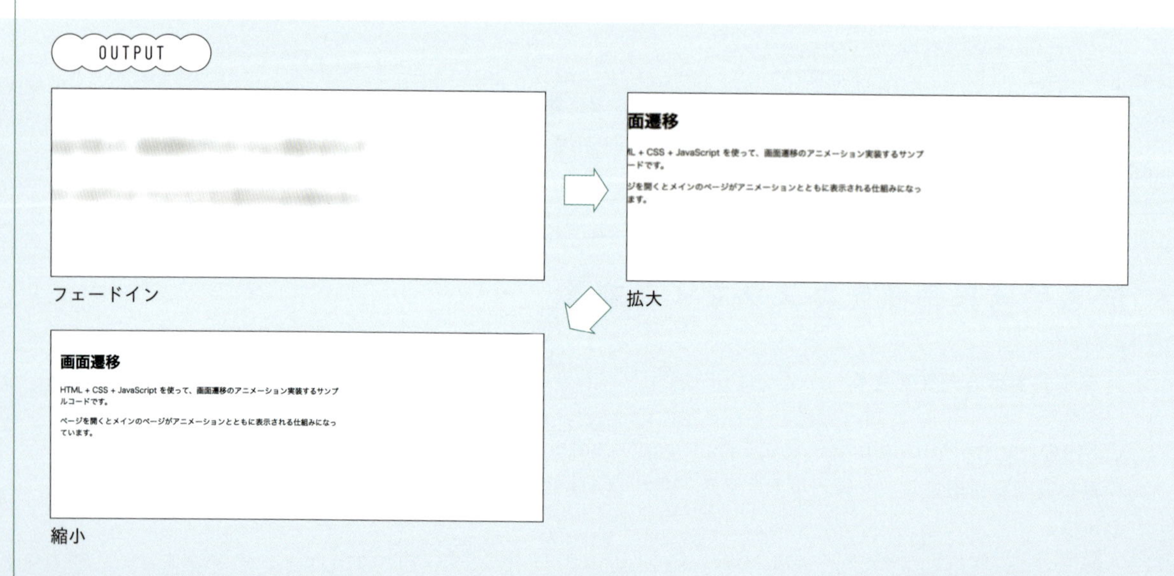

[デモファイル] C5-07-demo2
https://codepen.io/manabox/pen/gbYemZq/

HTML

```
<div id="main">
    <h1>画面遷移</h1>
    <p>HTML + CSS + JavaScript を使って、画面遷移のアニメーション実装するサンプルコードです。</p>
    <p>ページを開くとメインのページがアニメーションとともに表示される仕組みになっています。</p>
</div>
```

CSS

```
.loading-animation {
  animation: fadein 2s ease forwards;
}
@keyframes fadein {
  0% {
    scale: 2;
    filter: blur(10px);
    opacity: 0;
  }
  100% {
    scale: 1;
    filter: blur(0);
    opacity: 1;
  }
}
```

JavaScript

```
window.addEventListener('load', () => {
  const loadingElement = document.querySelector('#main');
  // ローディングが終了したらクラスを付与
  loadingElement.classList.add('loading-animation');
});
```

JavaScriptのコードは、基本編とほとんど同じです。ページ読み込み後に#mainへloading-animationを追加し、見た目をフェードイン＋拡大縮小で表示させています。
CSSのfilter: blur(10px);によって、最初はぼやけた状態から徐々にクリアになる演出が可能です。
scale: 2からscale: 1の変化によってユーザーの目を引き、注目度を上げる効果が期待できます。
このように、CSSのちょっとした変化で、見た目が大きく変わってきますね。

表示方法をカスタマイズする

移動しながら表示する

メインコンテンツを拡大縮小するのではなく、移動させてみると、下から浮かび上がるような動きが広がります。例えば最初に下方向へ50pxほど移動させておき、終了時の移動距離を0にするなど、ページが少し上に浮き上がるような表現ができます。

記述例

CSS

```
@keyframes fadein {
  0% {
    opacity: 0;
    translate: 0 50px; /* 50px下にずらす */
  }
  100% {
    opacity: 1;
    translate: 0;
  }
}
```

CHAPTER

6

迷わないナビゲーションメニュー

ユーザーがページを行き来しやすいナビゲーションは、
Webサイトの顔ともいえる存在です。
このChapterでは、ホバーで伸びるラインやドロップダウン、フルスクリーン表示、
クリックで開くスライドメニュー、リンク間を移動するラインなど、
多彩なアニメーション演出をまとめて紹介します。
より直感的で楽しい操作を実現しましょう。

ナビゲーションメニューの役割

Webサイトのナビゲーションメニューは、利用者が目的のページや情報に素早くたどりつけるようサポートする大切な要素です。階層構造やアニメーションなどの工夫を加えることで、Webサイト内で迷わずスムーズに操作できるだけでなく、ブランドやデザインの印象を強くアピールすることもできます。

ナビゲーションメニューが重要な理由

ナビゲーションメニューがない、あるいはわかりにくいデザインになっていると、ユーザーがどこに何の情報があるのかを理解できず、Webサイト内で迷子になってしまう恐れがあります。適切に配置されたメニューは、ユーザーが短時間で必要な情報にたどりつく手助けをしてくれるため、Webサイト内のさまざまなページを見て回ってもらえ、ユーザー満足度を高めます。また、主要コンテンツへの導線が整理されていることで、Webサイトの信頼性や専門性をアピールすることにもつながります。

石井造園株式会社

https://www.ishii-zouen.co.jp/

アニメーションがナビゲーションメニューに与える効果

ユーザーの注意を引く

アニメーションを使うと、ボタンがクリック可能であることや、メニューを展開できることが視覚的にわかりやすくなります。例えば、ホバーしたときに色が変わったり、メニューがふわっと広がったりするだけで、ユーザーの目を引きつけられます。そうすることで、必要なリンクに気づかれやすくなり、Webサイトを効率よくナビゲートできるようになります。

トーキョー煎餅

https://senbei.tokyo/

メニューのボタンをクリックすると、画面の端からメニューパネルが現れて全画面に表示されます

操作感を向上させる

メニューがスライドして登場したり、クリック後になめらかに閉じたりするなど、適度なアニメーションはユーザーに自然な操作体験を提供します。動きがなめらかだと「反応がよいWebサイト」という印象を与え、ボタンのクリックやリンクの選択への抵抗感が減ります。こうした演出によって、ユーザーが次々とコンテンツを閲覧しやすくなるのがメリットです。

国産ジビエレザー専門ブランド「VARIED」

https://jibie-varied.com/

ブランドイメージの演出

アニメーションには「Webサイトの個性を演出する」という役割もあります。動き方や速さ、色や形状の切り替えなどによって、ブランドイメージを表現できます。例えば、ポップな印象を与えたいなら弾むような動きを採用する、シンプルで落ち着いた雰囲気を演出したいなら微妙な色変化だけに抑える、といった工夫で、Webサイト全体の世界観を作り上げることができます。

しもごおり山の手保育園

https://oita-yamanote.com/

実装の注意点

シンプルな階層構造を保つ

メニューの階層があまりにも深いと、ユーザーがほしい情報をすぐに見つけられなくなります。メインメニューからサブメニュー、さらにサブサブメニューへ……と複雑に分岐すると混乱を招きやすいため、必要最小限の階層にまとめましょう。Webサイトの内容が多い場合は、カテゴリーごとにまとめるなどの工夫が効果的です。

レスポンシブデザインを考慮する

モバイルデバイスやタブレット、デスクトップなど、さまざまな画面サイズで最適に表示させるデザイン手法のレスポンシブデザインは、現代のWebサイト制作には欠かせない要素です。画面サイズによってナビゲーションメニューが崩れないよう、CSSのメディアクエリーを活用する、ハンバーガーメニューを導入するなど、デバイスごとの表示方法をしっかり確認しましょう。

アニメーションの使いすぎに注意する

アニメーションにはユーザーの注意を引く力がありますが、動きが多すぎると、逆にWebサイト全体がごちゃごちゃした印象になったり、読み込み速度を低下させたりする原因になります。実装する際は、動きの目的や必要性をしっかり考慮しましょう。ユーザーにとってプラスになる演出なのか、見やすさ·使いやすさを損ねていないかを必ず確認し、調整してください。

ホバーで伸びるライン

［デモファイル］
C6-02-demo

テキストをホバーするとラインが伸びる演出が加わると、視覚的なインタラクションが強化され、ユーザーが「選択している」感覚を得やすくなります。コードもシンプルでカスタマイズしやすいため、デザインのアクセントとして取り入れやすいのも魅力です。

基本編：メニューリンクの下にラインを伸ばす

メニューリンクの下にラインが伸びるシンプルなアニメーションを実装します。HTMLではリストタグ（<ul>）を使ってメニューを作り、CSSで疑似要素（::after）にラインを用意します。ホバー時にそのラインを「拡大（scale）」させることで、ホバーしたときにシュッと伸びる視覚効果を演出しています。

OUTPUT

ホーム　サービス紹介　お問い合わせ

ホーム　サービス紹介　お問い合わせ

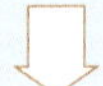

ホーム　サービス紹介　お問い合わせ

HTML

```
<ul class="menu menu-line">
    <li><a href="#">ホーム</a></li>
    <li><a href="#">サービス紹介</a></li>
    <li><a href="#">お問い合わせ</a></li>
</ul>
```

CSS

```
.menu-line a {
  position: relative;
}
.menu-line a::after {
  content: '';
  /* 位置 */
  position: absolute;
  bottom: 0;
  left: 0;
  /* ラインの形 */
  width: 100%;
  height: 2px;
  background-color: #05b;
  /* アニメーション */
  transition: scale .4s;
  scale: 0;
}
.menu-line a:hover {
  color: #05b;
}
.menu-line a:hover::after {
  scale: 1;
}
```

CSSで::afterという疑似要素を使い、リンクテキストの下部分に2pxのラインを引いています。transitionとscaleプロパティーを組み合わせることで、ホバー時にラインが伸びるようにアニメーションを設定しています。

ラインの色や位置をカスタマイズする

ラインの色を変更する

ラインを目立たせたい場合は、CSS内のbackground-colorを変えるだけで印象をガラッと変えられます。例えば明るい赤色にすると、Webサイトにポップな雰囲気を加えられます。

記述例

CSS

```
.menu-line a::after {
  background-color: #f33; /* 赤色に変更 */
}
```

ラインの位置を変更する

ラインの位置は、CSSにある.menu-line a::afterのbottomやleftの位置を調整すれば変更可能です。例えばテキストの上部にラインを配置したいなら、top: 0;とするだけでOKです。

記述例

CSS

```
.menu-line a::after {
  top: 0; /* テキストの上部に変更 */
}
```

応用編：リンク全体に背景色を広げて表示する

応用編ではリンク全体に背景色を広げて表示する、もう少しインパクトのある演出を紹介します。基本編ではラインを横に伸ばすだけでしたが、応用編の方法ではリンクテキストの背景を上下方向に拡大することで、ボタンのような視覚的効果が得られます。

OUTPUT

ホーム　サービス紹介　お問い合わせ

ホーム　サービス紹介　お問い合わせ

ホーム　サービス紹介　お問い合わせ

ホーム　サービス紹介　お問い合わせ

記述例

HTML

```
<ul class="menu menu-bg">
    <li><a href="#">ホーム</a></li>
    <li><a href="#">サービス紹介</a></li>
    <li><a href="#">お問い合わせ</a></li>
</ul>
```

CSS

```
.menu-bg a {
  position: relative;
}
```

```
.menu-bg a::after {
  content: '';
  /* 位置 */
  position: absolute;
  bottom: 0;
  left: 0;
  z-index: -1;
  /* ラインの形 */
  width: 100%;
  height: 100%;
  background-color: #05b;
  /* アニメーション */
  transition: scale .4s;
  transform-origin: center bottom;
  scale: 1 0;
}
.menu-bg a:hover {
  color: #fff;
}
.menu-bg a:hover::after {
  scale: 1;
}
```


基本編と同様に、CSSでは::after疑似要素を使っていますが、要素全体を覆う大きさにし、scaleを上下方向に拡大する形に設定しています。transform-originを下端に設定しているので、下から上へぐっと広がるイメージのアニメーションが作れます。

動きをカスタマイズする

左から右へ広げたい場合

下から上に広げるのではなく、左から右へ背景を伸ばしたい場合はCSSでtransform-origin: left center;のように変更します。合わせてscale: 0 1;にすると横方向へのアニメーションになります。

記述例

CSS

```
.menu-bg a::after {
  transform-origin: left center;
  scale: 0 1;
}
```

ドロップダウンメニュー

［デモファイル］
C6-03-demo

ドロップダウンメニューを導入すると、限られたスペースを効率的に使いながらコンテンツを整理でき、ユーザーが必要な情報へ迅速にアクセスしやすくなります。また、ページ全体の見た目もすっきりまとまり、スマートな印象を与えることができます。

基本編：ホバー時にメニューを表示する

基本編では、ホバーしたときに自動でメニューが開く仕組みを実装します。HTMLの<li>タグにサブメニュー用の<ul>を入れておき、CSSでホバー状態になったらサブメニューを表示するという流れです。大きなポイントは、子要素をもつ<li>にホバーした際、その子要素である.sub-menuを表示させるところです。

OUTPUT

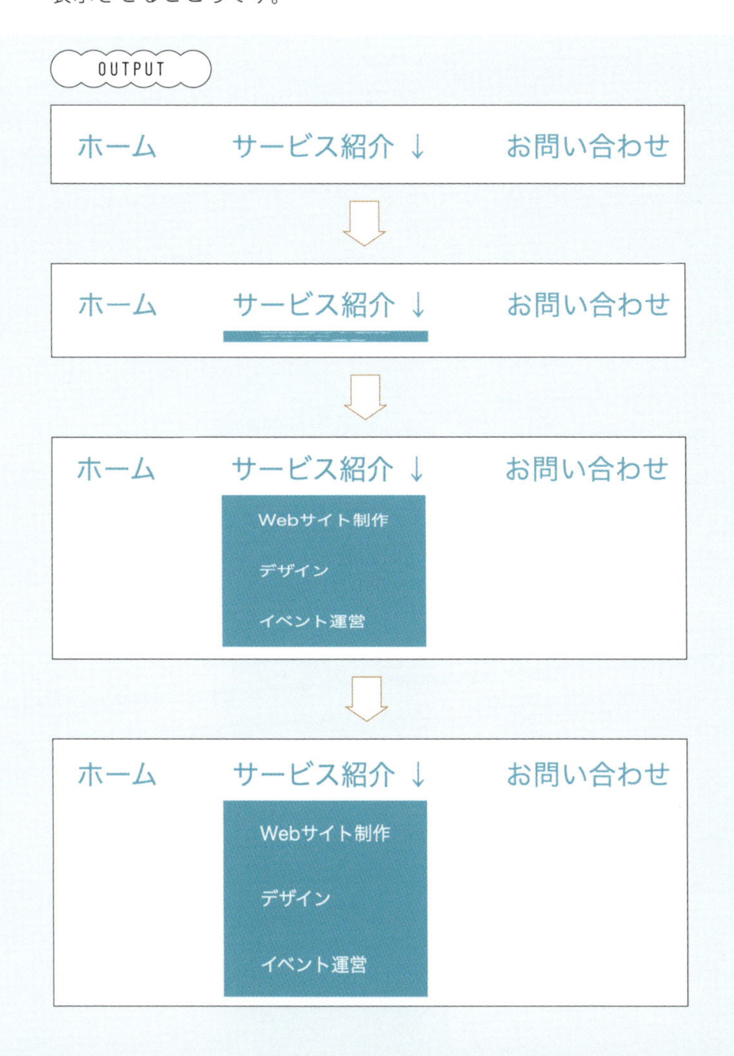

HTML

```
<ul class="menu menu-hover">
    <li><a href="#">ホーム</a></li>
    <li>
        <a href="#">サービス紹介 ↓</a>
        <ul class="sub-menu">
            <li><a href="#">Webサイト制作</a></li>
            <li><a href="#">デザイン</a></li>
            <li><a href="#">イベント運営</a></li>
        </ul>
    </li>
    <li><a href="#">お問い合わせ</a></li>
</ul>
```

CSS

```
/* メニュー共通スタイル */
.menu {
  position: relative;
  list-style: none;
  display: flex;
  gap: 3rem;
  font-size: 1.5rem;
}
.menu a {
  color: #0bd;
  padding: .5rem;
  text-decoration: none;
  transition: color .4s;
}
.sub-menu {
  position: absolute;
  z-index: 2;
  top: 2.5rem;
  padding: 0;
  list-style: none;
  background: #0bd;
  font-size: 1rem;
}
.sub-menu a {
  display: block;
  padding: 1rem 2rem;
  color: #fff;
```

```
}
.sub-menu a:hover {
  background-color: #05b;
}

/* ホバーで開くドロップダウンメニュー */
.menu-hover .sub-menu {
  transition: scale .4s;
  transform-origin: center top;
  scale: 1 0;
}
.menu-hover li:has(> .sub-menu):hover .sub-menu {
  scale: 1;
}
```

CSSでtransitionプロパティーとscaleプロパティーを組み合わせることで、メニューがホバーされたときにサブメニューがスッと縮小 → 拡大されるアニメーションを実現しています。また、:has疑似クラスを利用することで、子要素に.sub-menuがある場合のみ、ホバー時の処理を適用している点もポイントです。

表示位置や速度をカスタマイズする

サブメニューの表示位置を変える

サブメニューが下方向ではなく、右側に表示されるようにしたい場合は、CSSにある親要素のliにposition: relative;を加え、topを0にして、代わりにleftやrightプロパティーを活用しましょう。例えばleft: 100%;などにすると、メインメニューの右横にサブメニューが表示されます。

記述例

CSS

```
.menu-hover li:has(> .sub-menu) {
  position: relative;
}
.sub-menu {
  width: 100%;
  top: 0;
  left:100%;
}
```

アニメーションを少しゆっくりにする

アニメーションの速度は変更可能です。transition: scale .8s;のように秒数を上げると、メニューがゆったりと開閉する印象になります。Webサイトの雰囲気に合わせて調整してみましょう。

記述例

CSS

```
.menu-hover .sub-menu {
  transition: scale .8s;
}
```

応用編：クリックでメニューを表示する

応用編では、ホバーではなく「クリック」でメニューを開閉する仕組みを紹介します。ユーザーが意図的にクリックしない限りサブメニューが開かないため、誤操作が減り、スマートフォンやタブレットなどのタッチデバイスにも対応しやすいメリットがあります。HTMLとCSSは基本編とほぼ同じですが、新しく追加するJavaScriptで「サブメニューを開く／閉じる」という動きを制御している点が異なります。

記述例

HTML

```
<ul class="menu menu-click">
    <li><a href="#">ホーム</a></li>
    <li>
        <a href="#">サービス紹介 ↓</a>
        <ul class="sub-menu">
            <li><a href="#">Webサイト制作</a></li>
            <li><a href="#">デザイン</a></li>
            <li><a href="#">イベント運営</a></li>
        </ul>
    </li>
    <li><a href="#">お問い合わせ</a></li>
</ul>
```

CSS

```
/* メニュー共通スタイル */
.menu {
  position: relative;
  list-style: none;
  display: flex;
```

```css
  gap: 3rem;
  font-size: 1.5rem;
}
.menu a {
  color: #0bd;
  padding: .5rem;
  text-decoration: none;
  transition: color .4s;
}
.sub-menu {
  position: absolute;
  z-index: 2;
  top: 2.5rem;
  padding: 0;
  list-style: none;
  background: #0bd;
  font-size: 1rem;
}
.sub-menu a {
  display: block;
  padding: 1rem 2rem;
  color: #fff;
}
.sub-menu a:hover {
  background-color: #05b;
}

/* クリックで開くドロップダウンメニュー */
.menu-click .sub-menu {
  transition: scale .4s;
  transform-origin: center top;
  scale: 1 0;
}
.menu-click .sub-menu.active {
  scale: 1;
}
```

JavaScript

```javascript
//「.menu」内のLI要素のうち、.sub-menu を子に持つものを取得
const menuItems = document.querySelectorAll(".menu li:has(> .sub-menu)");

menuItems.forEach((item) => {
  item.addEventListener("click", (e) => {
    // aタグにリンクがある場合、サブメニューを開くだけなら画面遷移を防ぎたい
    e.preventDefault();
```

```
    // この <li> 内の .sub-menu を取得
    const subMenu = item.querySelector(".sub-menu");
    if (subMenu) {
      // .active クラスの ON/OFF で表示・非表示を切り替え
      subMenu.classList.toggle("active");
    }
  });
});
```

JavaScriptで特定の要素をクリックしたときに、サブメニューを開いたり閉じたりしています。subMenu.classList.toggle("active")とすることで、すでに.activeが付与されていれば削除し、付与されていなければ追加する処理をワンステップで書けるのがポイントです。また、e.preventDefault()を使ってリンク先へ飛ぶ動作を止めることで、ユーザーがサブメニューだけを開きたい場合にページ遷移してしまうのを防いでいます。

サブメニューの表示方法をカスタマイズする

クリックで開いたメニューを自動的に閉じたいとき

複数のサブメニューがあるナビゲーションで、クリックしたメニューが開いたままだと、次に別のメニューを開く際、閉じる動作が手間になる場合があります。そうしたときは、ほかのメニューをクリックしたら先に開いていたメニューを閉じる処理を追加すると、すっきりした操作感が得られます。
この例では、まず、すでに開いているサブメニューをすべて閉じ、その後にクリックしたサブメニューだけを開く流れです。

記述例

JavaScript

```
const menuItems = document.querySelectorAll(".menu-click li:has(> .sub-menu)");

menuItems.forEach((item) => {
  item.addEventListener("click", (e) => {
    e.preventDefault();

    // まず、ほかの開いているサブメニューをすべて閉じる
    document.querySelectorAll(".menu-click .sub-menu.active").forEach((openMenu) => {
      // クリックしたメニューのサブメニューではない場合のみ閉じる
      if (openMenu !== item.querySelector(".sub-menu")) {
        openMenu.classList.remove("active");
      }
```

```
    });

    // クリックしたメニューのサブメニューをトグル(ON/OFF)する
    const subMenu = item.querySelector(".sub-menu");
    if (subMenu) {
      subMenu.classList.toggle("active");
    }
  });
});
```

クリックされた<li>要素だけでなく、ほかに.activeがついているサブメニューがあればすべて閉じるようにしています。こうすることで、ユーザーが一度に複数のサブメニューを開く必要がない場合は、常に1つのサブメニューだけが開いた状態になります。

アクセシビリティを考えるとクリックタイプがおすすめ

ホバー操作だけを前提としたドロップダウンメニューは、ホバーしたときに表示する仕組みなので、Tabキーを押して移動してもサブメニューが展開されず、キーボードだけでは利用しにくい場面があります。一方、クリック方式ならば、Tabキーを押してメインメニューにフォーカスを移動してから、Enterキーや Spaceキーを押してサブメニューを開閉できるため、キーボード操作しか行えないユーザーにとってもアクセスしやすく、アクセシビリティを高められます。

フルスクリーンで表示するメニュー

フルスクリーンで表示されるメニューを使うと、限られた画面スペースを有効活用しながら、ユーザーの視線を集めてスムーズに誘導できます。また、トップ画面を覆うレイアウトが作りやすく、印象的な演出やブランディングに役立ちます。

［デモファイル］
C6-04-demo1〜2

基本編：全画面にメニューを表示する

基本編のポイントは、フルスクリーンに表示する領域（.menu-container）をCSSのvisibilityとopacityで制御することです。［メニュー］ボタンをクリックすると、.panel-openクラスを付与してメニューを表示し、［閉じる］ボタンやメニューのリンクを押した際には.panel-openクラスをはずして非表示に戻します。CSSアニメーションの設定は比較的少なめなので、コードを見比べながら作りやすいのが特徴です。

OUTPUT

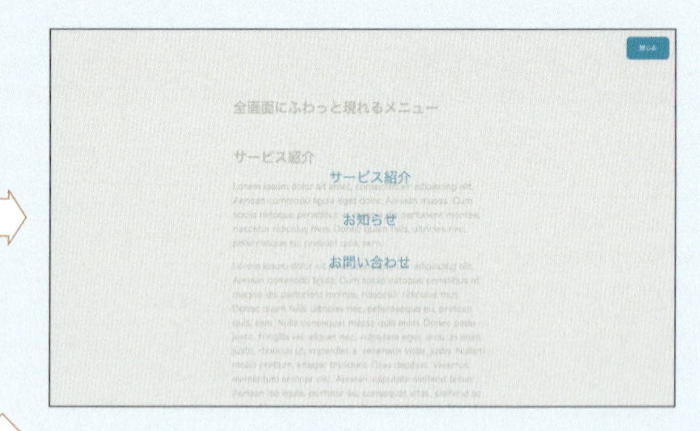

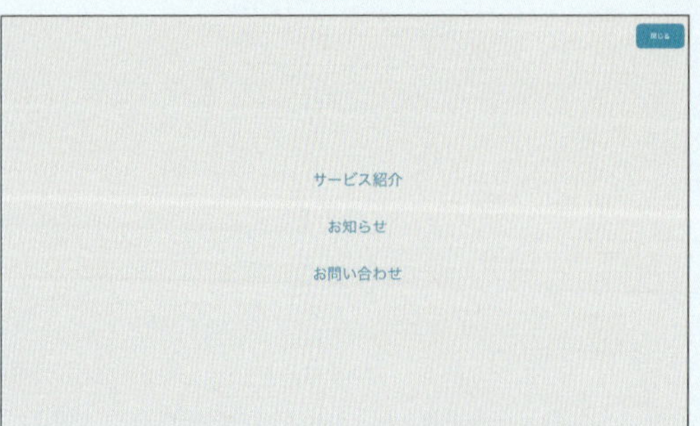

［デモファイル］ C6-04-demo1
https://codepen.io/manabox/pen/ogvMWVd/

HTML

```
<header id="header">
    <button id="menu-open" class="btn-menu">メニュー</button>

    <div class="menu-container">
        <button id="menu-close" class="btn-menu">閉じる</button>
        <ul class="menu">
            <li><a href="#service">サービス紹介</a></li>
            <li><a href="#news">お知らせ</a></li>
            <li><a href="#contact">お問い合わせ</a></li>
        </ul>
    </div>
</header>

<main>
    <h1>全画面にふわっと現れるメニュー</h1>
    <h2 id="service">サービス紹介</h2>
    <p>Lorem ipsum dolor sit amet, consectetuer adipiscing
        elit. Aenean commodo ligula eget dolor. </p>
(省略)
</main>
```

CSS

```
/* 開閉ボタン */
.btn-menu {
  position: fixed;
  right: 1rem;
  top: 1rem;
  z-index: 1;
  padding: 1rem;
  color: #fff;
  background: #0bd;
  width: 100px;
  cursor: pointer;
  border: 0;
  border-radius: 10px;
  transition: 0.4s;
}
#menu-close {
```

```
  z-index: 3;
}

/* メニューパネル */
.menu-container {
  position: fixed;
  top: 0;
  left: 0;
  z-index: 2;
  width: 100%;
  height: 100vh;
  background: #eee;

  display: flex;
  align-items: center;
  justify-content: center;
  opacity: 0;
  visibility: hidden;

  transition: .4s;
}
.menu {
  list-style: none;
  text-align: center;
}
.menu a {
  color: #0bd;
  display: block;
  padding: 1.5rem;
  font-size: 2rem;
  text-decoration: none;
  transition: color .4s;
}
.menu a:hover {
  color: #05b;
}

/* メニュー表示 */
.panel-open {
  opacity: 1;
  visibility: visible;
}
```

JavaScript

```
const btnOpen = document.querySelector('#menu-open');
const btnClose = document.querySelector('#menu-close');
const menuPanel = document.querySelector('.menu-container');
const menuLinks = document.querySelectorAll('.menu a');

// メニューボタンをクリック
btnOpen.addEventListener('click', () => {
  menuPanel.classList.add('panel-open');
});

// 閉じるボタンをクリック
btnClose.addEventListener('click', () => {
  menuPanel.classList.remove('panel-open');
});

// メニューリンクをクリックしたときにパネルを閉じる
menuLinks.forEach(link => {
  link.addEventListener('click', () => {
    menuPanel.classList.remove('panel-open');
  });
});
```

JavaScriptでは、document.querySelectorやdocument.querySelectorAllでDOM（ドキュメントオブジェクトモデル：Webページを構成する）要素を取得し、それに対してイベントを設定しています。[メニュー] ボタンをクリックすると、.panel-openクラスが付与されてメニューが表示される仕組みです。[閉じる] ボタンやメニューリンクをクリックすると、.panel-openをはずしてメニューを非表示に戻します。

色や速度をカスタマイズする

背景色やテキスト色を変更する

CSSの.menu-containerや.menu aの色指定を変えるだけで、Webサイトの雰囲気が大きく変わります。例えばダークモード風にするなら、背景を黒に、文字色を白にしてみましょう。

アニメーション速度を変えてみる

CSSのtransition: .4s;とある部分を変えると、メニューが出入りするスピードをコントロールできます。よりゆっくり演出したい場合は.8sなどにして調整してみましょう。

応用編：円が拡大しながらフルスクリーン表示にする

さらに印象的な演出を加える例として、応用編では「円が拡大しながらフルスクリーンになる」アニメーションを紹介します。メニューパネルの背面に大きな円（.circle）を仕込んでおき、クリックに合わせてscaleで円を拡大させることで、ふわっとメニューが浮き上がってくるようなビジュアルを実現しています。こうした演出はユーザーの目を引きやすく、特別感を演出したいWebサイトやイベントページなどにぴったりです。

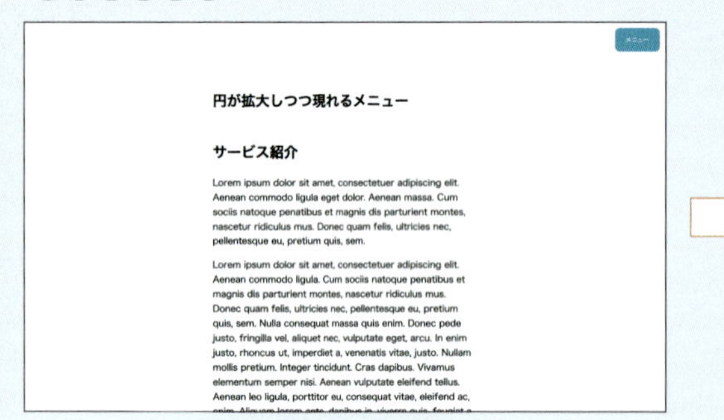

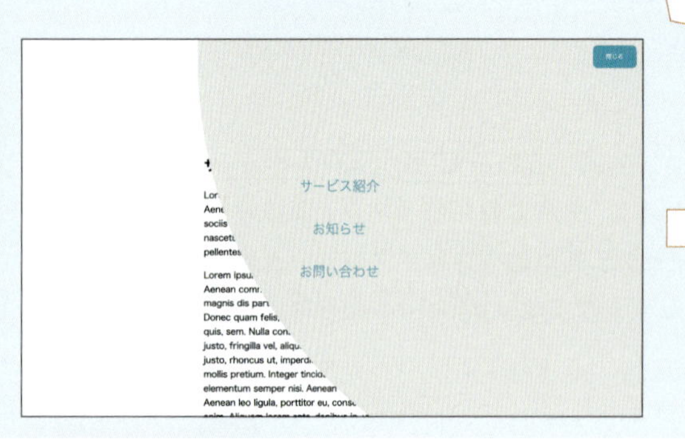

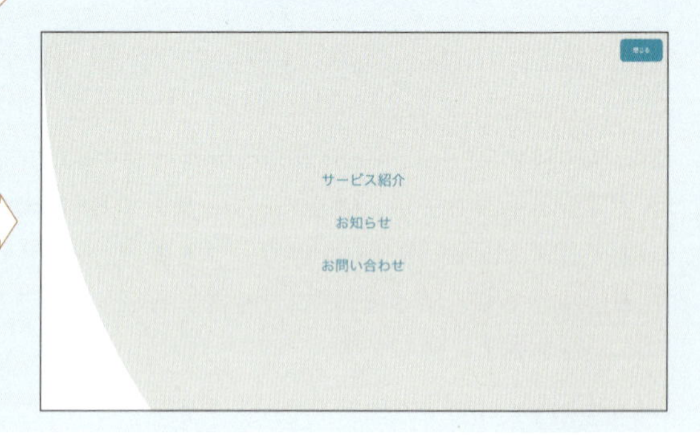

記述例

[デモファイル] C6-04-demo2

https://codepen.io/manabox/pen/dPbjRKL/

https://codepen.io/manabox/pen/dPbjRKL/

HTML

```
<header id="header">
    <button id="menu-open" class="btn-menu">メニュー</button>

    <div class="menu-container">
        <button id="menu-close" class="btn-menu">閉じる</button>
        <ul class="menu">
            <li><a href="#service">サービス紹介</a></li>
            <li><a href="#news">お知らせ</a></li>
```

```
            <li><a href="#contact">お問い合わせ</a></li>
        </ul>
        <div class="circle"></div>
    </div>
</header>

<main>
    <h1>円が拡大しつつ現れるメニュー</h1>
    <h2 id="service">サービス紹介</h2>
    <p>Lorem ipsum dolor sit amet, consectetuer adipiscing
        elit. Aenean commodo ligula eget dolor.</p>
(省略)
</main>
```

CSS

```
/* 開閉ボタン */
.btn-menu {
  position: fixed;
  right: 1rem;
  top: 1rem;
  z-index: 1;
  padding: 1rem;
  color: #fff;
  background: #0bd;
  width: 100px;
  cursor: pointer;
  border: 0;
  border-radius: 10px;
}
#menu-close {
  z-index: 3;
}

/* メニューパネル */
.menu-container {
  position: fixed;
  top: 0;
  left: 0;
  z-index: 2;
  width: 100%;
  height: 100vh;

  display: flex;
  align-items: center;
```

```
  justify-content: center;

  visibility: hidden;
}
.menu {
  list-style: none;
  text-align: center;
  z-index: 2;
  opacity: 0;
  transition: .4s .2s;
}
.menu a {
  color: #0bd;
  display: block;
  padding: 1.5rem;
  font-size: 2rem;
  text-decoration: none;
  transition: color .4s;
}
.menu a:hover {
  color: #05b;
}

/* 円のスタイル */
.circle {
  position: absolute;
  top: 0;
  right: 0;
  width: 100px;
  height: 100px;
  background: #eee;
  border-radius: 50%;
  scale: 0;
  transition: 1s;
}

/* メニュー表示 */
.panel-open {
  visibility: visible;
}
.panel-open .menu {
  opacity: 1;
}
.panel-open .circle {
  scale: 28;
```

```
}
```

JavaScript

```
const btnOpen = document.querySelector('#menu-open');
const btnClose = document.querySelector('#menu-close');
const menuPanel = document.querySelector('.menu-container');
const menuLinks = document.querySelectorAll('.menu a');

// メニューボタンをクリック
btnOpen.addEventListener('click', () => {
  menuPanel.classList.add('panel-open');
});

// 閉じるボタンをクリック
btnClose.addEventListener('click', () => {
  menuPanel.classList.remove('panel-open');
});

// メニューリンクをクリックしたときにパネルを閉じる
menuLinks.forEach(link => {
  link.addEventListener('click', () => {
    menuPanel.classList.remove('panel-open');
  });
});
```

JavaScriptのコードは、基本編と同じ内容です。違いはCSSでのメニューパネルの見せ方ですね。応用編では、.circleを画面右上に配置し、scale: 0;からscale: 28;へ変化させることで、アニメーションしているように見せています。実際には円が大きくなって背景全体を覆うので、その上に配置しているメニューリスト（.menu）が段階的に表示される仕組みです。

色やタイミングをカスタマイズする

円の色を変えて雰囲気を変える

CSS内にある.circleのbackgroundを変えるだけでWebサイトの印象が大きく変わります。ブランドカラーを使えば統一感が出せますし、グラデーションを入れるのもおもしろいでしょう。

記述例

CSS

```
.circle {
  background: #333; /* 濃い色に変更する */
}
```

メニューをフェードインさせるタイミングを変える

CSS内にある.menuのtransition-delayをさらに大きくしたり小さくしたりすることで、円が広がり終わる前にメニューが出てくるようにしたり、円が広がりきった後にメニューがふわっと表示されるようにしたりと、演出を細かく変えられます。

記述例

CSS

```
.menu {
  transition: .4s .8s; /* 0.8秒遅らせてアニメーションを実行 */
}
```

省略記法について

本書のコードは、省略記法によりtransition: .4s .2s;と記述しています。先に記述する時間がtransition-duration（再生時間）、次に記述する時間がtransition-delay（遅延時間）です。遅延時間を0.8秒に変更するならtransition: .4s .8s;のように記述します。

クリックで開くスライドメニュー

クリックで開くスライドメニューを使えば、スマートフォンやタブレットなど画面幅が狭いデバイスでもすっきりとナビゲーションを配置できます。メニューが非表示のときには画面を広く使え、必要なときだけ横からスライドして現れる仕組みは、ユーザーにとってもわかりやすく使いやすいのが大きなメリットです。

[デモファイル]
C6-05-demo1～2

基本編：右からパネルをスライド表示させる

基本編では、画面右上の[メニュー]ボタンをクリックすると、右からパネルがスライド表示される仕組みを作ります。メニューパネルは初期状態でtranslateにより位置をずらしておき、.panel-openクラスが追加されたときに位置を0に戻すことで「横からサッと」現れる演出ができます。

OUTPUT

横からサッと現れるメニュー

サービス紹介

Lorem ipsum dolor sit amet, consectetuer adipiscing elit. Aenean commodo ligula eget dolor. Aenean massa. Cum sociis natoque penatibus et magnis dis parturient montes, nascetur ridiculus mus. Donec quam felis, ultricies nec, pellentesque eu, pretium quis, sem.

Lorem ipsum dolor sit amet, consectetuer adipiscing elit. Aenean commodo ligula. Cum sociis natoque penatibus et magnis dis parturient montes, nascetur ridiculus mus. Donec quam felis, ultricies nec, pellentesque eu, pretium quis, sem. Nulla consequat massa quis enim. Donec pede justo, fringilla vel, aliquet nec, vulputate eget, arcu. In enim justo, rhoncus ut, imperdiet a, venenatis vitae, justo. Nullam mollis pretium. Integer tincidunt. Cras dapibus. Vivamus elementum semper nisi. Aenean vulputate eleifend tellus. Aenean leo ligula, porttitor eu, consequat vitae, eleifend ac,

閉じる

サービス紹介
お知らせ
お問い合わせ

［デモファイル］C6-05-demo1
https://codepen.io/manabox/pen/bNbjoBO/

HTML

```
<header id="header">
    <button id="menu-open" class="btn-menu">メニュー</button>

    <div class="menu-container">
        <button id="menu-close" class="btn-menu">閉じる</button>
        <ul class="menu">
            <li><a href="#service">サービス紹介</a></li>
            <li><a href="#news">お知らせ</a></li>
            <li><a href="#contact">お問い合わせ</a></li>
        </ul>
    </div>
</header>

<main>
    <h1>横からサッと現れるメニュー</h1>
    <h2 id="service">サービス紹介</h2>
    <p>Lorem ipsum dolor sit amet, consectetuer adipiscing
        elit. Aenean commodo ligula eget dolor. </p>
(省略)
</main>
```

CSS

```
/* 開閉ボタン */
.btn-menu {
  position: fixed;
  right: 1rem;
  top: 1rem;
  z-index: 1;
  padding: 1rem;
  color: #fff;
  background: #0bd;
  width: 100px;
  cursor: pointer;
  border: 0;
  border-radius: 10px;
  transition: 0.4s;
}
#menu-close {
  z-index: 3;
```

```
}

/* メニューパネル */
.menu-container {
  position: fixed;
  top: 0;
  right: 0;
  z-index: 2;
  width: 300px;
  height: 100vh;
  background: #eee;
  box-shadow: 0 0 20px rgba(0,0,0,.3);

/* メニューを画面外に隠しておく(パネルの幅+box-shadow分の20px) */
  translate: 320px 0;
  transition: translate .4s;
}
.menu {
  list-style: none;
  padding-top: 10rem;
}
.menu a {
  color: #0bd;
  display: block;
  padding: 1rem;
  font-size: 1.5rem;
  text-decoration: none;
  transition: color 0.4s;
}
.menu a:hover {
  color: #05b;
}

/* メニュー表示 */
.panel-open {
  translate: 0;
}
```

JavaScript

```
const btnOpen = document.querySelector('#menu-open');
const btnClose = document.querySelector('#menu-close');
const menuPanel = document.querySelector('.menu-container');

// メニューボタンをクリック
btnOpen.addEventListener('click', () => {
```

```
  menuPanel.classList.add('panel-open');
});

// 閉じるボタンをクリック
btnClose.addEventListener('click', () => {
  menuPanel.classList.remove('panel-open');
});
```

JavaScriptでは[メニュー](メニューを開く)と[閉じる]の2つのボタンに、それぞれ.panel-openクラスの追加·削除を行うイベント処理を割り当てています。.panel-openが付与されるとCSS側でtranslateが0に変わり、画面右側からメニューパネルがスライド表示されます。

メニュー幅や出現位置をカスタマイズする

メニュー幅を変更する

CSS内にある.menu-containerのwidthを広げれば、よりゆったりとしたメニューにできます。逆に狭くすれば、スマートフォンなどでの操作感を重視したスリムなメニューに切り替えられます。幅を変更したら、translateの数値も一緒に変更しておきましょう。

記述例

CSS

```
.menu-container {
  width: 600px;
  translate: 620px 0;
}
```

メニューの出現位置を左に変更

右側ではなく左側からスライドさせたい場合は、CSSのright: 0;をleft: 0;に、translate: 320px 0;をtranslate: -320px 0;などに変更しましょう。

記述例

CSS

```
.menu-container {
  left: 0;
  translate: -320px 0;
}
```

応用編：メニューを順番に表示させる

基本編のプラス機能として、メニュー項目を順番にアニメーションで表示させる例を紹介します。メニューがスライドしてきた後、リンク要素が段階的にフェードインする演出を加えると、目線を誘導しやすくおしゃれな印象を与えられます。

メニュー

メニューを順に表示する

サービス紹介

Lorem ipsum dolor sit amet, consectetuer adipiscing elit. Aenean commodo ligula eget dolor. Aenean massa. Cum sociis natoque penatibus et magnis dis parturient montes, nascetur ridiculus mus. Donec quam felis, ultricies nec, pellentesque eu, pretium quis, sem.

Lorem ipsum dolor sit amet, consectetuer adipiscing elit. Aenean commodo ligula. Cum sociis natoque penatibus et magnis dis parturient montes, nascetur ridiculus mus. Donec quam felis, ultricies nec, pellentesque eu, pretium quis, sem. Nulla consequat massa quis enim. Donec pede justo, fringilla vel, aliquet nec, vulputate eget, arcu. In enim justo, rhoncus ut, imperdiet a, venenatis vitae, justo. Nullam mollis pretium. Integer tincidunt. Cras dapibus. Vivamus elementum semper nisi. Aenean vulputate eleifend tellus. Aenean leo ligula, porttitor eu, consequat vitae, eleifend ac,

メニューを順に表示する

サービス紹介

Lorem ipsum dolor sit amet, consectetuer adipiscing elit. Aenean commodo ligula eget dolor. Aenean massa. Cum sociis natoque penatibus et magnis dis parturient montes, nascetur ridiculus mus. Donec quam felis, ultricies nec, pellentesque eu, pretium quis, sem.

Lorem ipsum dolor sit amet, consectetuer adipiscing elit. Aenean commodo ligula. Cum sociis natoque penatibus et magnis dis parturient montes, nascetur ridiculus mus. Donec quam felis, ultricies nec, pellentesque eu, pretium quis, sem. Nulla consequat massa quis enim. Donec pede justo, fringilla vel, aliquet nec, vulputate eget, arcu. In enim justo, rhoncus ut, imperdiet a, venenatis vitae, justo. Nullam mollis pretium. Integer tincidunt. Cras dapibus. Vivamus elementum semper nisi. Aenean vulputate eleifend tellus. Aenean leo ligula, porttitor eu, consequat vitae, eleifend ac,

サービス紹介

閉じる

メニューを順に表示する

サービス紹介

Lorem ipsum dolor sit amet, consectetuer adipiscing elit. Aenean commodo ligula eget dolor. Aenean massa. Cum sociis natoque penatibus et magnis dis parturient montes, nascetur ridiculus mus. Donec quam felis, ultricies nec, pellentesque eu, pretium quis, sem.

Lorem ipsum dolor sit amet, consectetuer adipiscing elit. Aenean commodo ligula. Cum sociis natoque penatibus et magnis dis parturient montes, nascetur ridiculus mus. Donec quam felis, ultricies nec, pellentesque eu, pretium quis, sem. Nulla consequat massa quis enim. Donec pede justo, fringilla vel, aliquet nec, vulputate eget, arcu. In enim justo, rhoncus ut, imperdiet a, venenatis vitae, justo. Nullam mollis pretium. Integer tincidunt. Cras dapibus. Vivamus elementum semper nisi. Aenean vulputate eleifend tellus. Aenean leo ligula, porttitor eu, consequat vitae, eleifend ac,

サービス紹介

お知らせ

お問い合わせ

閉じる

メニューを順に表示する

サービス紹介

Lorem ipsum dolor sit amet, consectetuer adipiscing elit. Aenean commodo ligula eget dolor. Aenean massa. Cum sociis natoque penatibus et magnis dis parturient montes, nascetur ridiculus mus. Donec quam felis, ultricies nec, pellentesque eu, pretium quis, sem.

Lorem ipsum dolor sit amet, consectetuer adipiscing elit. Aenean commodo ligula. Cum sociis natoque penatibus et magnis dis parturient montes, nascetur ridiculus mus. Donec quam felis, ultricies nec, pellentesque eu, pretium quis, sem. Nulla consequat massa quis enim. Donec pede justo, fringilla vel, aliquet nec, vulputate eget, arcu. In enim justo, rhoncus ut, imperdiet a, venenatis vitae, justo. Nullam mollis pretium. Integer tincidunt. Cras dapibus. Vivamus elementum semper nisi. Aenean vulputate eleifend tellus.

サービス紹介

お知らせ

お問い合わせ

記述例

［デモファイル］C6-05-demo2
https://codepen.io/manabox/pen/qEWyPjm/

HTML

```
<header id="header">
    <button id="menu-open" class="btn-menu">メニュー</button>

    <div class="menu-container">
```

```
        <button id="menu-close" class="btn-menu">閉じる</button>
        <ul class="menu">
            <li><a href="#service">サービス紹介</a></li>
            <li><a href="#news">お知らせ</a></li>
            <li><a href="#contact">お問い合わせ</a></li>
        </ul>
    </div>
</header>

<main>
    <h1>メニューを順に表示する</h1>
    <h2 id="service">サービス紹介</h2>
    <p>Lorem ipsum dolor sit amet, consectetuer adipiscing
        elit. Aenean commodo ligula eget dolor. </p>
(省略)
</main>
```

CSS

```
/* 開閉ボタン */
.btn-menu {
  position: fixed;
  right: 1rem;
  top: 1rem;
  z-index: 1;
  padding: 1rem;
  color: #fff;
  background: #0bd;
  width: 100px;
  cursor: pointer;
  border: 0;
  border-radius: 10px;
  transition: 0.4s;
}
#menu-close {
  z-index: 3;
}

/* メニューパネル */
.menu-container {
  position: fixed;
  top: 0;
  right: 0;
  z-index: 2;
  width: 300px;
  height: 100vh;
```

```css
  background: #eee;
  box-shadow: 0 0 20px rgba(0,0,0,.3);

  translate: 320px 0;
  transition: translate .4s;
}
.menu {
  list-style: none;
  padding-top: 10rem;
}
.menu li {
  opacity: 0;
}
.menu a {
  color: #0bd;
  display: block;
  padding: 1rem;
  font-size: 1.5rem;
  text-decoration: none;
  transition: color 0.4s;
}
.menu a:hover {
  color: #05b;
}

/* メニュー表示 */
.panel-open {
  translate: 0;
}
```

JavaScript

```javascript
const btnOpen = document.querySelector('#menu-open');
const btnClose = document.querySelector('#menu-close');
const menuPanel = document.querySelector('.menu-container');
const menuItems = document.querySelectorAll('.menu li');

// メニューボタンをクリック
btnOpen.addEventListener('click', () => {
  menuPanel.classList.add('panel-open');

  // リンクを1つずつ順に表示
  menuItems.forEach((menuItem, index) => {
    menuItem.animate(
      {
        opacity: [0, 1],
```

```
        translate: ['2rem', 0],
      },
      {
        duration: 800,
        delay: 300 * index,
        fill: 'forwards',
      }
    );
  });
});

// 閉じるボタンをクリック
btnClose.addEventListener('click', () => {
  menuPanel.classList.remove('panel-open');
  menuItems.forEach((menuItem) => {
    menuItem.animate(
      {
        opacity: [1, 0]
      },
      {
        duration: 200,
        fill: 'forwards',
      });
  });
});
```


最初にメニューを開く処理として、JavaScriptでmenuPanel.classList.add('panel-open')を呼び出し、画面上にメニューをスライド表示させています。その後、menuItems.forEach((menuItem, index) => { ... });という構文でメニューの各項目を順番に処理し、menuItem.animate()を使ってアニメーションを実行しています。delay: 300 * indexとすることで、最初の項目はすぐに表示され、2番目以降は300ミリ秒ずつ順番にアニメーションが始まる仕組みです。
opacity: [0, 1]では透明から徐々に不透明へ、translate: ['2rem', 0]では右方向から元の位置へ移動する動きを表現しています。
[閉じる]ボタンでは逆にフェードアウトのみを行い、メニューを再度非表示に戻しています。

アニメーションの方向や速度をカスタマイズする

アニメーションの方向を変えたい場合

JavaScriptでは、translate: ['2rem', 0]のように横方向に動かしていますが、上下方向へ動かしたいならtranslate: ['0 2rem', 0]などに変えてみましょう。横方向はそのまま、縦方向に2remずれた状態からアニメーションがスタートします。

JavaScript

```
btnOpen.addEventListener('click', () => {
  menuPanel.classList.add('panel-open');

  // リンクを1つずつ順に表示
  menuItems.forEach((menuItem, index) => {
    menuItem.animate(
      {
        opacity: [0, 1],
        translate: ['0 2rem', 0], // 開始位置を変更
      },
      {
        duration: 800,
        delay: 300 * index,
        fill: 'forwards',
      }
    );
  });
});
```

アニメーションの速さと間隔を調整

JavaScriptのduration: 800やdelay: 300 * indexの値を変更して、もっと素早く出現させたり、逆にゆったりとした演出にしたりできます。Webサイトの雰囲気に合わせて試してください。

リンク間を移動するライン

メニュー上をホバーすると、下に敷いたラインが動くことで直感的に「どれを選んでいるのか」がわかりやすくなります。メニューをおしゃれに演出できるだけでなく、ユーザーの操作を可視化できるため、Webサイト全体の使いやすさも向上します。

[デモファイル]
C6-06-demo1～2

基本編：ホバーしてラインを移動させる

基本編では「メニューをホバーすると、その下にあるラインがスッと移動する」仕組みを作ります。ポイントは、要素の位置や幅を取得して、その情報を基にライン要素（.magic-line）のleftとwidthを動的に更新することです。初期状態では幅を0にしておき、ページ読み込み後や最初のメニューに合わせてラインの位置を設定する流れになります。

OUTPUT

ホーム　サービス紹介　お知らせ　お問い合わせ

↓

ホーム　サービス紹介　お知らせ　お問い合わせ

↓

ホーム　サービス紹介　お知らせ　お問い合わせ

[デモファイル] C6-06-demo1
https://codepen.io/manabox/pen/pvzKrmM/

https://codepen.io/manabox/pen/pvzKrmM/

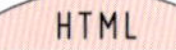


```
<div class="menu-container">
```

```html
    <ul class="menu">
        <li><a href="#">ホーム</a></li>
        <li><a href="#">サービス紹介</a></li>
        <li><a href="#">お知らせ</a></li>
        <li><a href="#">お問い合わせ</a></li>
    </ul>
    <div class="magic-line"></div>
</div>
```

CSS

```css
.menu-container {
  position: relative;
}
.magic-line {
  position: absolute;
  bottom: -14px;
  left: 0;
  width: 0;              /* 初期状態では0幅 */
  height: 2px;           /* ラインの太さ */
  background-color: #05b;
  transition: .3s;
}
```

JavaScript

```javascript
// 親要素とライン要素、各メニュー項目を取得
const menu = document.querySelector(".menu-container");
const magicLine = document.querySelector(".magic-line");
const menuItems = document.querySelectorAll(".menu a");

// ラインを特定要素の下に移動させる関数
function moveMagicLine(target) {
  // ターゲット要素の位置と幅を取得
  const targetRect = target.getBoundingClientRect();
  // 親要素(ul) の位置を取得
  const menuRect = menu.getBoundingClientRect();

  // 親要素から見た左位置
  const left = targetRect.left - menuRect.left;
  const width = targetRect.width;

  // 取得した値を使ってマジックラインの position / width を指定
  magicLine.style.left = left + "px";
  magicLine.style.width = width + "px";
}
```

```
// 各メニューにマウスエンター時の動きを設定
menuItems.forEach((item) => {
  item.addEventListener("mouseenter", () => {
    moveMagicLine(item);
  });
});

// ページ読み込み直後、または最初の状態を設定したい場合(例:先頭メニューに合わせる)
moveMagicLine(menuItems[0]);
```

JavaScriptでは、メニューリンク(.menu a)をまとめて取得し、ホバー時にライン(.magic-line)を移動させる処理を登録しています。ラインの移動はgetBoundingClientRect()というメソッドで要素の位置や幅を取得し、そこから計算した数値を、.magic-lineのstyle.leftとstyle.widthに代入して実現します。
コードの最後では、ページを読み込んだ直後にもラインを初期位置へ置くため、moveMagicLine(menuItems[0])を呼び出しており、これで画面が表示された瞬間からラインが正しい位置にセットされます。

色や太さ、位置をカスタマイズする

ラインの色や太さを変える

CSSにある.magic-lineのheightやbackground-colorを変えるだけで、Webサイトの雰囲気に合わせたラインを作成できます。ラインを太めにすると大胆な印象を与えられますよ。

初期状態を別のメニューに合わせる

JavaScriptで、現在は最初のメニュー要素[0]にラインを合わせています。もし「サービス紹介」の位置に最初からラインを置きたい場合は、moveMagicLine(menuItems[1]);のように変えてみましょう。

応用編:現在地に合わせてラインを移動させる

応用編は、クリックやスクロールに応じて「現在どのセクションを見ているか」を判定し、そのメニュー下へラインを移動するコードです。ヘッダーの高さや任意のマージンを考慮しつつ、リサイズやページ読み込みのタイミングでも正確に位置を再計算するように工夫しています。

サービス紹介　お知らせ　お問い合わせ

現在地にあわせて移動するライン

サービス紹介

Lorem ipsum dolor sit amet, consectetuer adipiscing elit. Aenean commodo ligula eget dolor. Aenean massa. Cum sociis natoque penatibus et magnis dis parturient montes, nascetur ridiculus mus. Donec quam felis, ultricies nec, pellentesque eu, pretium quis, sem.

サービス紹介　お知らせ　お問い合わせ

お知らせ

Lorem ipsum dolor sit amet, consectetuer adipiscing elit. Aenean commodo ligula eget dolor. Aenean massa. Cum sociis natoque penatibus et magnis dis parturient montes, nascetur ridiculus mus. Donec quam felis, ultricies nec, pellentesque eu, pretium quis, sem. Nulla consequat massa quis enim. Donec pede justo, fringilla vel, aliquet nec, vulputate eget, arcu. In enim justo, rhoncus ut, imperdiet a, venenatis vitae, justo. Nullam dictumnteger tincidunt. Cras dapibus. Vivamus elementum semper nisi. Aenean vulputate

サービス紹介　お知らせ　お問い合わせ

お知らせ

Lorem ipsum dolor sit amet, consectetuer adipiscing elit. Aenean commodo ligula eget dolor. Aenean massa. Cum sociis natoque penatibus et magnis dis parturient montes, nascetur ridiculus mus. Donec quam felis, ultricies nec, pellentesque eu, pretium quis, sem. Nulla consequat massa quis enim. Donec pede justo, fringilla vel, aliquet nec, vulputate eget, arcu. In enim justo, rhoncus ut, imperdiet a, venenatis vitae, justo. Nullam dictumnteger tincidunt. Cras dapibus. Vivamus elementum semper nisi. Aenean vulputate eleifend tellus. Aenean leo ligula, porttitor eu, consequat

[デモファイル] C6-06-demo2
https://codepen.io/manabox/pen/RNbJXjp/

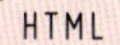

```
<header id="header">
    <div class="menu-container">
        <ul class="menu">
            <li><a href="#service">サービス紹介</a></li>
            <li><a href="#news">お知らせ</a></li>
            <li><a href="#contact">お問い合わせ</a></li>
        </ul>
        <div class="magic-line"></div>
    </div>
</header>

<main>
    <h1>現在地に合わせて移動するライン</h1>
    <h2 class="scroll-point" id="service">サービス紹介</h2>
```

```
    <p>Lorem ipsum dolor sit amet, consectetuer adipiscing
        elit. Aenean commodo ligula eget dolor.</p>
(省略)

    <h2 class="scroll-point" id="news">お知らせ</h2>
    <p>Lorem ipsum dolor sit amet, consectetuer adipiscing
        elit. Aenean commodo ligula eget dolor.</p>
(省略)

    <h2 class="scroll-point" id="contact">お問い合わせ</h2>
    <p>Lorem ipsum dolor sit amet, consectetuer adipiscing
        elit. Aenean commodo ligula eget dolor.</p>
(省略)
</main>
```

CSS

```
.menu-container {
  position: relative;
}
.magic-line {
  position: absolute;
  bottom: -10px;
  left: 0;
  width: 0;              /* 初期状態では0幅 */
  height: 2px;           /* ラインの太さ */
  background-color: #05b;
  transition: .3s;
}

/* 基本スタイル */
html{
  scroll-behavior: smooth; /* スムーズスクロール */
}
```

html要素にscroll-behavior: smooth;を加えると、ページ内リンクをスルスルッとスムーズに移動するようになります。

JavaScript

```
// 必要な要素を取得
// ---------------------------------------------------
const header = document.querySelector("#header");
const menuContainer = document.querySelector(".menu-container");
const magicLine = document.querySelector(".magic-line");
const menuLinks = document.querySelectorAll(".menu a");
```

```
// クリックやスクロールで位置を判定したいセクション
const scrollPoints = document.querySelectorAll(".scroll-point");

// 配列で各セクションのページ上部からの距離を保持
let sectionOffsets = [];

// ヘッダーの高さを取得
const headerHeight = header.offsetHeight; // 固定ヘッダー分スクロール位置を調整

// セクションの位置情報を更新する関数
//     -> 画面リサイズ時にも更新するとズレを防げる
// ---------------------------------------------------
const updateSectionOffsets = () => {
  sectionOffsets = [];
  scrollPoints.forEach((section) => {
    // ヘッダー高さを考慮した offsetTop
    // scroll-margin-top の余白 100px
    const offset = section.offsetTop - headerHeight - 100;
    sectionOffsets.push(offset);
  });
}

// 現在地を判定して、該当メニューの下線を動かす関数
// ---------------------------------------------------
function setCurrentMenu() {
  // 現在のスクロール位置を取得
  const scroll = window.pageYOffset;
  let currentIndex = 0;

  // どのセクションが現在地か判定
  for (let i = 0; i < sectionOffsets.length; i++) {
    const nextOffset = sectionOffsets[i + 1] || Number.MAX_SAFE_INTEGER;
    if (scroll >= sectionOffsets[i] && scroll < nextOffset) {
      currentIndex = i;
      break;
    }
  }

  // 下線を移動
  moveMagicLine(menuLinks[currentIndex]);
}

// .magic-line を指定リンクの下に移動させる関数
// ---------------------------------------------------
```

```
function moveMagicLine(targetLink) {
  // リンク要素の位置・幅
  const targetRect = targetLink.getBoundingClientRect();
  // 親要素 (menuContainer) の位置
  const menuRect = menuContainer.getBoundingClientRect();

  // 親から見た相対座標
  const left = targetRect.left - menuRect.left;
  const width = targetRect.width;

  // magic-line に反映
  magicLine.style.left = left + "px";
  magicLine.style.width = width + "px";
}

// イベント登録
//  - リサイズ時:セクションの位置情報を再計算
//  - スクロール時:現在地を判定
//  - 初期表示時:オフセット計算 + 最初のライン位置決定
// --------------------------------------------------
window.addEventListener("resize", () => {
  updateSectionOffsets();
  setCurrentMenu();
});

window.addEventListener("scroll", () => {
  setCurrentMenu();
});

// ページ読み込み完了時に実行
window.addEventListener("load", () => {
  updateSectionOffsets();
  setCurrentMenu(); // 初期表示で正しい位置にラインを表示
});
```


JavaScriptでは、まず、固定ヘッダーの高さを取得しておき、各セクション(.scroll-point)のページ上部までの距離から、そのヘッダーの高さと余白の分(100px)を差し引いて、sectionOffsetsという配列に格納します。次にsetCurrentMenu()関数では、現在のスクロール量がどのセクション範囲に該当するかを繰り返しで判定し、その結果に応じて対応するメニューリンクへラインを移動させます。移動処理はmoveMagicLine()関数を使います。メニューリンクとメニューコンテナの位置や幅を計算して.magic-lineのleftやwidthを変更しています。
さらに、画面サイズが変わったとき(resizeイベント)やページを読み込んだとき(loadイベント)にもセクションの位置情報を再計算し、常に正しいリンクの下にラインが配置されるように調整しています。

CHAPTER

7

スムーズなスクロール

スクロールでページをスムーズに操作できれば、
ユーザー体験がぐっと向上します。
色の変化や視差効果によって、
サイトに奥行きとワクワク感をプラスしてみませんか？
このChapterでは、スクロールを活用したコンテンツ表示や
テキスト演出、パララックス効果など、
多彩なアニメーションテクニックを紹介します。

スクロールの役割

スクロールは、ユーザーがページ上の情報をスムーズに探索するための重要な動作です。画面に収まりきらない情報を縦や横に移動させ、必要な内容へ迷わずたどりつけるようサポートします。さらにアニメーション効果を組み合わせることで、より魅力的な体験を提供し、閲覧者の関心を高めることができます。

東海国立大学機構 Common Nexus（ComoNe）

https://comone.thers.ac.jp/

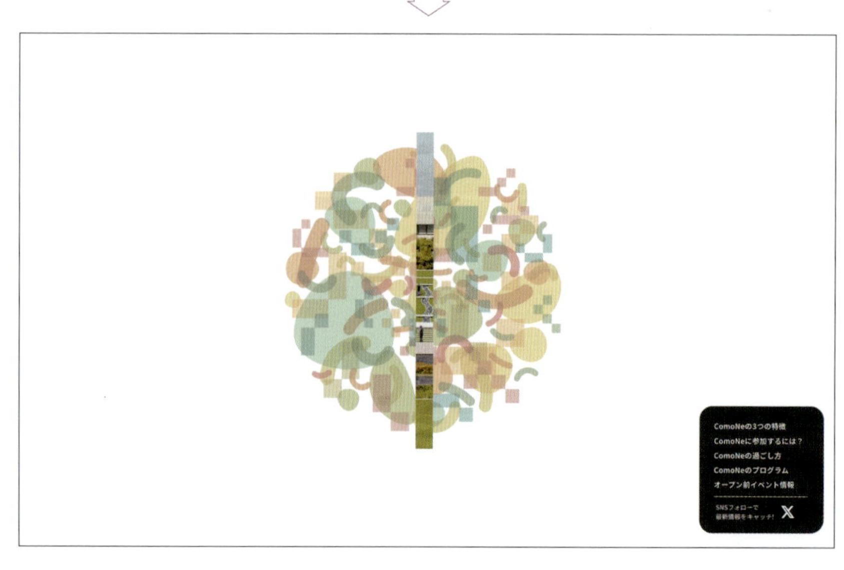

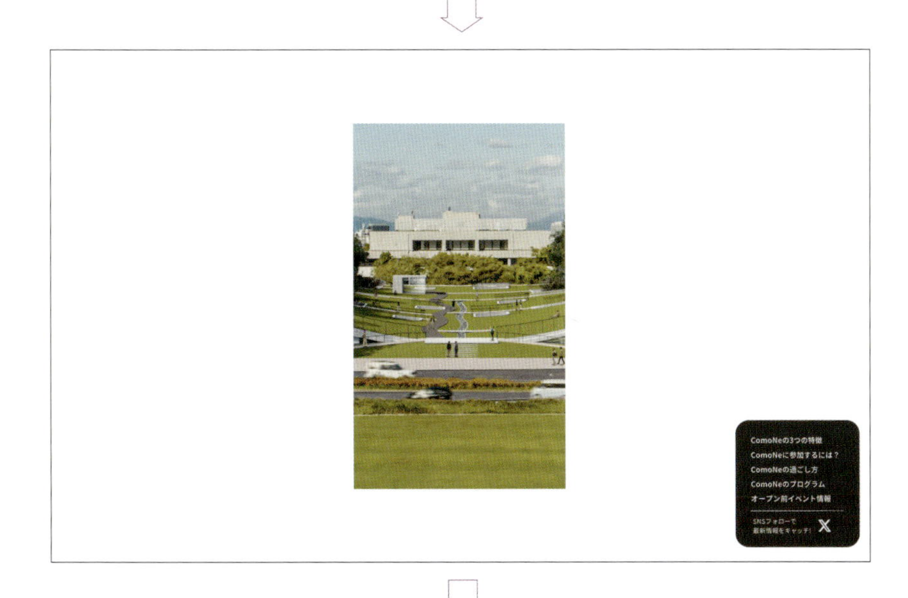

スクロールするとイラストが移動したり現れたり広がったりと、さまざまな仕掛けが用意されています

スクロールが重要な理由

スクロールは、たくさんあるコンテンツの中からユーザーがほしい情報を見つけやすくするために必要不可欠であり、画面サイズに関わらずコンテンツを整理して配置できます。さらに、同じページ内の移動がわかりやすくなることで、ユーザーが飽きずに読み進められるという役割もあります。

アニメーションがスクロールに与える効果

視覚的なガイドを提供する

スクロールに合わせて画像や文字がふんわり現れるなどのアニメーションを入れると、ユーザーの目線をうまく誘導できます。特に重要な要素がどこにあるのかが直感的にわかるため、ページ内のナビゲーションを自然に行いやすくなります。

HORIBA Our Future

https://www.horiba.com/our-future/ja/

ページに動きと魅力をプラスする

静止画ばかりのページよりも、スクロールすると要素が動いたり変化したりするページのほうが印象に残りやすいです。適度なアニメーションはユーザーの興味を引き、ページ全体の印象を「読み物」から「体験」へと変える効果があります。

ノモの国

https://the-land-of-nomo.panasonic/

コンテンツを段階的に見せる

一度に多くの情報を表示すると、ユーザーは内容を把握しづらくなることがあります。スクロールに合わせて段階的に要素を表示させると、情報を少しずつ提示できるため、読みやすさを保ちつつ必要な情報だけに集中しやすくなります。

newseam

https://newseaminc.com/

制作：株式会社MEFILAS

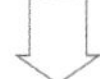

順を追って読んでほしいテキストをスクロールに合わせて1つずつ表示させています

実装の注意点

パフォーマンスに配慮する

過度なアニメーションや画像の動きは、ページが重くなり、読み込みに時間がかかってしまいます。Webサイトの動作の軽快さやスピードを意識し、実際にスクロールしてみて不自然な動きや使いにくさを感じないか確認しましょう。

デバイス環境を考慮する

ユーザーが閲覧する端末によっては、マウスでのスクロールやタッチ操作の感覚が異なります。特にスマートフォンやタブレットの場合、アニメーションを導入しすぎるとカクつきや誤操作を招くことがあるため、なるべく軽快に動く実装を心がけましょう。

アクセシビリティに配慮する

動きの激しいアニメーションや自動再生のエフェクトは、一部のユーザーにとって不快に感じられたり、内容がわかりにくくなったりする場合があります。アニメーションを導入する際は、重要なテキストやボタンの視認性を確保し、必要に応じてアニメーションを無効化できる設定を用意するとよいでしょう。

スクロールでページを操作しやすくする

スクロールを使ったページのナビゲーションは、ユーザーがどこにいるか迷わずに移動しやすくなり、Webサイトの操作性が高まります。メニューを固定したり、要素を指定箇所へスムーズにジャンプさせたりできるため、目的の情報にたどりつきやすく、快適な操作感を提供できます。さらに手間を抑えながら、ビジュアル面の演出も楽しめます。

［デモファイル］
C7-02-demo1～2

基本編：スムーズスクロールと要素を固定する

まずは、初心者でも取り組みやすい「スムーズスクロール」と「要素を固定するレイアウト」を実装する方法を紹介します。ページ内リンクではCSSでスルスルッとなめらかに移動させます。さらに、ページをスクロールしてメニューの高さまで到達すると、メニューをページ上部に固定します。固定表示にはposition: sticky;を使うため、大がかりなJavaScriptを使わずに簡単に導入できます。

スムーズスクロール＋要素を固定

サービス紹介

Lorem ipsum dolor sit amet, consectetuer adipiscing elit. Aenean commodo ligula eget dolor. Aenean massa. Cum sociis natoque penatibus et magnis dis parturient montes, nascetur ridiculus mus. Donec quam felis, ultricies nec, pellentesque eu, pretium quis, sem.

Lorem ipsum dolor sit amet, consectetuer adipiscing elit. Aenean commodo ligula. Cum sociis natoque penatibus et magnis dis parturient montes, nascetur ridiculus mus. Donec quam felis, ultricies nec, pellentesque eu, pretium quis, sem. Nulla consequat massa quis enim. Donec pede justo, fringilla vel, aliquet nec, vulputate eget, arcu. In enim justo, rhoncus ut,

サービス紹介
お知らせ
お問い合わせ

サービス紹介

Lorem ipsum dolor sit amet, consectetuer adipiscing elit. Aenean commodo ligula eget dolor. Aenean massa. Cum sociis natoque penatibus et magnis dis parturient montes, nascetur ridiculus mus. Donec quam felis, ultricies nec, pellentesque eu, pretium quis, sem.

Lorem ipsum dolor sit amet, consectetuer adipiscing elit. Aenean commodo ligula. Cum sociis natoque penatibus et magnis dis parturient montes, nascetur ridiculus mus. Donec quam felis, ultricies nec, pellentesque eu, pretium quis, sem. Nulla consequat massa quis enim. Donec pede justo, fringilla vel, aliquet nec, vulputate eget, arcu. In enim justo, rhoncus ut, imperdiet a, venenatis vitae, justo. Nullam mollis pretium. Integer tincidunt. Cras dapibus. Vivamus

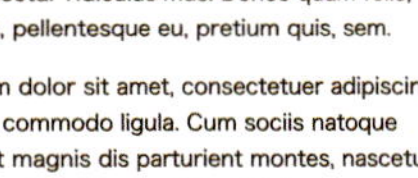

elementum semper nisi. Aenean vulputate eleifend tellus. Aenean leo ligula, porttitor eu, consequat vitae, eleifend ac, enim. Aliquam lorem ante, dapibus in, viverra quis, feugiat a, tellus. Phasellus viverra nulla ut metus varius laoreet. Quisque rutrum. Aenean imperdiet. Etiam ultricies nisi vel augue. Curabitur ullamcorper ultricies nisi.

サービス紹介
お知らせ
お問い合わせ

お知らせ

Lorem ipsum dolor sit amet, consectetuer adipiscing elit. Aenean commodo ligula eget dolor. Aenean massa. Cum sociis natoque penatibus et magnis dis parturient montes, nascetur ridiculus mus. Donec quam felis, ultricies nec, pellentesque eu, pretium quis, sem. Nulla consequat massa quis enim. Donec pede justo, fringilla

［デモファイル］C7-02-demo1
https://codepen.io/manabox/pen/WbegMJm/

HTML

```
<div class="wrapper">
    <main>
        <h2 class="heading" id="service">サービス紹介</h2>
        <p>Lorem ipsum dolor sit amet, (省略)</p>

        <h2 class="heading" id="news">お知らせ</h2>
        <p>Lorem ipsum dolor sit amet, (省略)</p>

        <h2 class="heading" id="contact">お問い合わせ</h2>
        <p>Lorem ipsum dolor sit amet, (省略)</p>
    </main>

    <ul class="menu">
        <li><a href="#service">サービス紹介</a></li>
        <li><a href="#news">お知らせ</a></li>
        <li><a href="#contact">お問い合わせ</a></li>
    </ul>
</div>
```

CSS

```
html{
  scroll-behavior: smooth;
}

/* 見出し */
.heading {
  scroll-margin-top: 2rem;
}

/* メニュー */
.menu {
  position: sticky;
  top: 2rem;
}
```

CSSでページ全体にscroll-behavior: smooth;を当てることで、ページ間の移動をスルスルッとできるようになります。スクロールで要素の位置まで到達したら、position: sticky;で固定できます。このとき、top , right , bottom , leftなどの位置も一緒に指定しないとうまく動作しません。

余白をカスタマイズする

移動後の余白を調整する

ページを移動したときの余白は、CSSのscroll-margin-topで調整できます。これを指定していないと、表示領域（ブラウザー画面の最上部）と移動先のコンテンツがぴったりくっつくので、見やすさを考えると少し余白を持たせるとよいでしょう。

応用編：表示領域にピタッと移動させる

続いて、スクロールスナップという、要素の端がスクロールの止まる位置にスナップ（吸いつくように固定）するCSS機能を使ってみましょう。スクロールしたときに要素が画面内にぴったり合うようになります。大きな背景画像やギャラリーなどを魅力的に見せたいときに活用できる方法です。

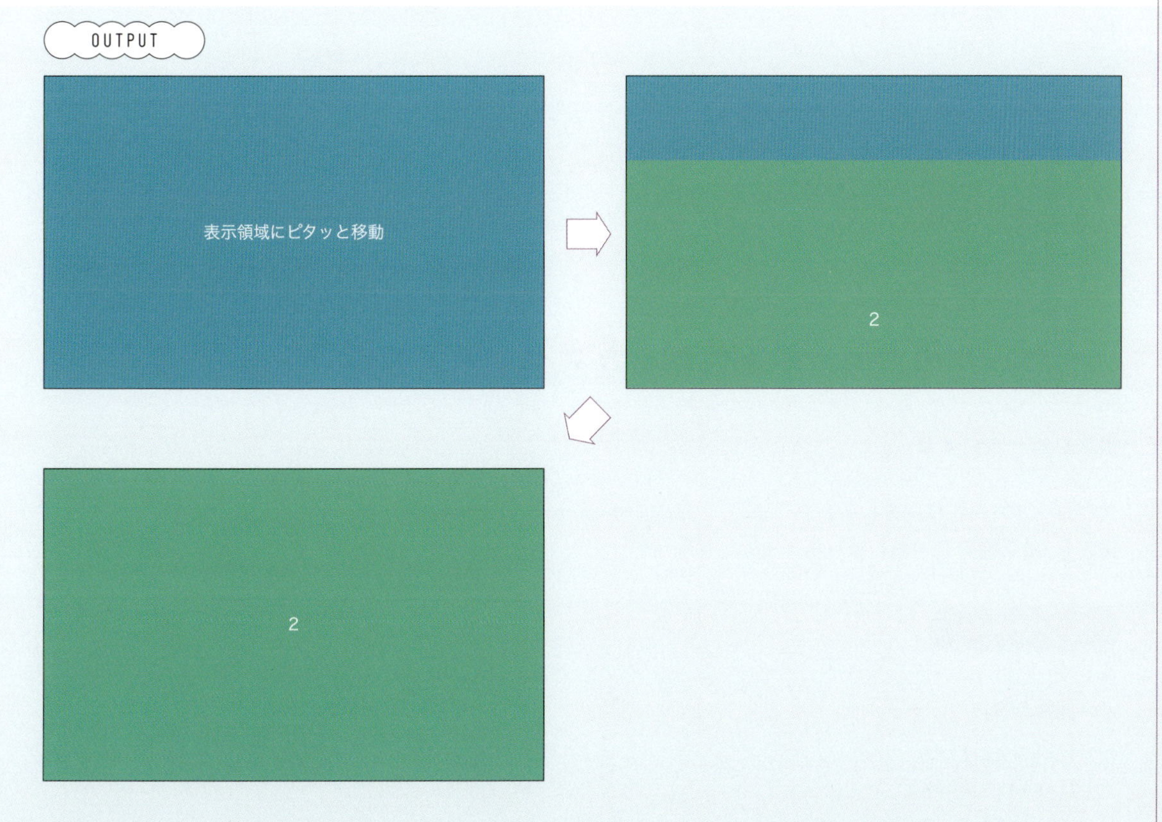

[デモファイル] C7-02-demo2
https://codepen.io/manabox/pen/vEBzROa/

HTML

```html
<div class="container">
    <section class="area">表示領域にピタッと移動</section>
    <section class="area">2</section>
    <section class="area">3</section>
    <section class="area">4</section>
    <section class="area">5</section>
</div>
```

CSS

```css
.container {
  overflow: auto;
  scroll-snap-type: y mandatory;
  height: 100vh;
}
.area {
  scroll-snap-align: start;
  height: 100vh;
}
```


スクロールの方向や停止位置をカスタマイズする

横スクロールにする

スクロール方向を横向きにしたいときは、CSSの.containerにscroll-snap-type: x mandatory;を指定し、幅を固定して横に並べるようにしましょう。

記述例

CSS

```css
.container {
  display: flex;
  overflow-x: auto;
  scroll-snap-type: x mandatory;
  width: 100vw;
  height: 100vh; /* 必要に応じて変更 */
}
```

```
.area {
  min-width: 100vw;
  scroll-snap-align: center;
}
```

中間地点にいる場合はその位置で停止

CSSのscroll-snap-typeプロパティーで、スクロールの方向に続いてどの程度厳密に位置調整を行うかも設定できます。mandatoryでは、現在表示しているエリアまたは次のエリア、どちらか一方にのみ表示されます。proximityでは、ピタッと固定される位置に近ければそちらに、そうでなければスクロール位置の調整は行われず、中間地点で止まります。

記述例

CSS

```
.container {
  overflow: auto;
  scroll-snap-type: y proximity;
  height: 100vh;
}
```

スクロールでコンテンツを表示

スクロールアニメーションを使えば、ページを下に移動したときにふんわりとコンテンツが表示され、ユーザーの目を引きつけることができます。視線誘導や演出効果にも役立ち、Webサイト全体の印象を高めることが可能です。ここではJavaScriptのIntersection Observer（インターセクションオブザーバー）機能の実装に挑戦しましょう！

［デモファイル］
C7-03-demo1～2

基本編：スクロールしてコンテンツを表示する

基本編では、スクロール位置をきっかけにしてコンテンツを表示する基本的な手法を紹介します。Intersection ObserverというJavaScriptの機能で「いつ要素が画面に入ったか」を監視し、そのタイミングでCSSクラスをつけ替えてアニメーションさせる仕組みです。CSS側では透明度やアニメーション速度を調整しておき、JavaScript側で要素が表示領域内に入ったらクラスを付与する流れとなります。これにより、ユーザーがスクロールを進めるたびに自然な演出でコンテンツを見せられます。

OUTPUT

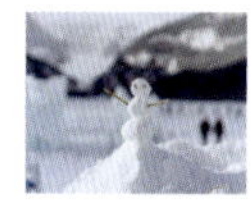

記述例

[デモファイル] C7-03-demo1
https://codepen.io/manabox/pen/WbegKpb/

https://codepen.io/manabox/pen/WbegKpb/

HTML

```html
<div class="wrapper">
    <div class="fade-in flex">
        <img src="images/winter1.jpg" alt="">
        <p>Lorem ipsum dolor sit amet, consectetur adipiscing elit. (省略)</p>
    </div>
    <div class="fade-in flex">
        <img src="images/winter2.jpg" alt="">
        <p>Duis et arcu commodo, efficitur mi id, bibendum ex. (省略)</p>
    </div>
    <div class="fade-in flex">
        <img src="images/winter3.jpg" alt="">
        <p>Cras vitae erat in ex consequat tempor. (省略)</p>
    </div>
    <div class="fade-in flex">
        <img src="images/winter4.jpg" alt="">
        <p>Quisque in justo condimentum, ornare sapien dapibus,(省略)</p>
    </div>
</div>
```

CSS

```css
.fade-in {
  opacity: 0;
  transition: opacity 2s ease-in-out;
}
.fade-in.show {
  opacity: 1;
}
```

JavaScript

```javascript
// ページ内の .fade-in をすべて取得
const fadeInElements = document.querySelectorAll('.fade-in');

// Intersection Observer のオプション設定
const options = {
  root: null,           // ビューポートをルート要素とする
  rootMargin: '0px',   // オフセットなし
  threshold: 0.1        // 要素が10%見えたら発火
};
```

```
// Intersection Observer のコールバック
const callback = (entries, observer) => {
  entries.forEach(entry => {
    if (entry.isIntersecting) {
      // 要素が見えたらクラスを追加
      entry.target.classList.add('show');
      // 一度アニメーションが完了したら、再び監視しない場合は unobserve
      observer.unobserve(entry.target);
    }
  });
};

// 上記コールバックとオプションを使ってObserverを生成
const observer = new IntersectionObserver(callback, options);

// 取得した要素それぞれをObserverに登録
fadeInElements.forEach(el => observer.observe(el));
```

トリガーのしきい値や表示をカスタマイズする

トリガーのしきい値を変える

JavaScriptにあるthresholdの値を増やすと、要素のより多くの部分が見えたときに発火する（アニメーションが開始される）ようになります。0.5などにすると、半分以上が画面に入ってからアニメーションがスタートします。

記述例

JavaScript

```
const options = {
  root: null,
  rootMargin: '0px',
  threshold: 0.5      // 要素が50%見えたら発火
};
```

応用編：ふわっとくっきり表示させる

次の応用編では、複数のスタイルを組み合わせて、画像にぼかし（blur）や平行移動（translate）を加えてから、スクロールと同時にふわっとくっきり表示させてみましょう。基本的な仕組みは、基本編と同じです。JavaScriptのIntersection Observerを使い、CSSでぼかしや位置を変更しておき、画面に入ったタイミングでクラスを切り替えるのがポイントです。

OUTPUT

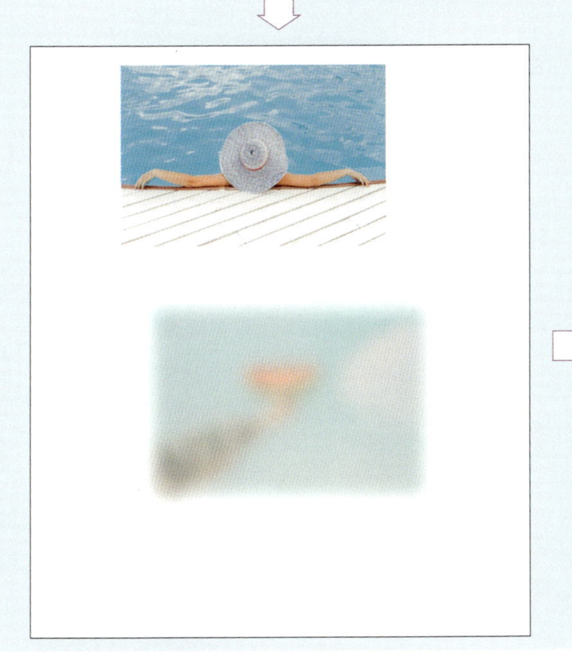

記述例

［デモファイル］C7-03-demo2
https://codepen.io/manabox/pen/VYZEYQw/

https://codepen.io/manabox/pen/VYZEYQw/

HTML

```
<img class="blur-img" src="images/summer1.jpg" alt="">
<img class="blur-img" src="images/summer2.jpg" alt="">
```

```html
<img class="blur-img" src="images/summer3.jpg" alt="">
<img class="blur-img" src="images/summer4.jpg" alt="">
```

CSS

```css
.blur-img {
  opacity: 0;
  transition: 1s ease-in-out;
  filter: blur(20px);
  translate: 100px;
}
.blur-img.show {
  opacity: 1;
  filter: blur(0);
  translate: 0;
}
```

JavaScript

```javascript
// ページ内の .blur-img をすべて取得
const fadeInElements = document.querySelectorAll('.blur-img');

// Intersection Observer のオプション設定
const options = {
  root: null,          // ビューポートをルート要素とする
  rootMargin: '0px',   // オフセットなし
  threshold: 0.1       // 要素が10%見えたら発火
};

// Intersection Observer のコールバック
const callback = (entries, observer) => {
  entries.forEach(entry => {
    if (entry.isIntersecting) {
      // 要素が見えたらクラスを追加
      entry.target.classList.add('show');
      // 一度アニメーションが完了したら、再び監視しない場合は unobserve
      observer.unobserve(entry.target);
    }
  });
};

// 上記コールバックとオプションを使ってObserverを生成
const observer = new IntersectionObserver(callback, options);

// 取得した要素それぞれをObserverに登録
fadeInElements.forEach(el => observer.observe(el));
```

回転やスライド方向をカスタマイズする

回転させながら表示する

位置を変更するのではなく、CSSのrotateで角度をつけ、くるんと回転させながら表示させてもおもしろいですね。

記述例

CSS

```
.blur-img {
  opacity: 0;
  transition: 1s ease-in-out;
  filter: blur(20px);
  rotate: 30deg; /* 30度の角度をつける */
}
.blur-img.show {
  opacity: 1;
  filter: blur(0);
  rotate: 0deg;
}
```

スライド方向を調整する

CSSのtranslate: 100px;をtranslate: 0 100px;に変えて下から表示したり、マイナス値を指定して上方向や左方向に移動したりするなど、演出を変えてみるのもおすすめです。

記述例

CSS

```
.blur-img {
  opacity: 0;
  transition: 1s ease-in-out;
  filter: blur(20px);
  translate: 0 100px; /* 下から表示 */
}
```

Intersection Observerとは？

JavaScriptで使われるIntersection Observerは、ある要素（画像やテキストなど）が画面の表示領域に入ったかどうかを、自動で検知してくれる仕組みです。スクロールに合わせてアニメーションを表示したい場合や、特定の要素が画面に入ったタイミングでイベントを起こしたい場合などで活躍します。

監視とコールバックの流れ

Intersection Observerを使うときは、まず「何を監視するか」、そして「監視結果を受け取ったときにどう処理するか」を決めます。

ステップ1 監視したい要素を取得する

document.querySelectorAll('.fade-in')のように、対象となる要素のリストを取得します。

ステップ2 オプション設定を用意する

どの程度要素が見えたら通知するかなど、Observerの設定をオプションとして渡します。

JavaScript

```
const options = {
  root: null,
  rootMargin: '0px',
  threshold: 0.1
};
```

各機能の説明は表の通りです。

名称	説明
root	監視の基準となるコンテナを指定する。nullにするとブラウザーのビューポート（画面全体）が基準となる
rootMargin	監視範囲を拡張または縮小する余白を指定する。例えば'100px'とすれば、実際の画面より100px手前で要素が入り始めたとみなす
threshold	要素がどの程度画面に表示されたタイミングで「表示された」と判定するかを設定する。0.1なら要素の10%が表示されたときに発火する

ステップ3 通知処理（コールバック）の関数を作る

要素が画面内に入った／出たときに、どういう動きをさせるか決めます。COLUMNの後半で詳しく説明します。

記述例

JavaScript

```
const observer = new IntersectionObserver(callback, options);
```

ステップ4 Intersection Observerを生成して監視を開始

上記のオプションと通知処理をまとめてIntersection Observerを作成し、対象の監視を開始します。

JavaScript

```
observer.observe(el);
```

通知処理（コールバック）関数のイメージ

「通知処理（コールバック）関数」は、監視の結果に応じて自動的に呼び出される関数のことで、要素のアニメーションやクラスのつけはずしなどの制御を行います。受け取る引数はentriesとobserverの2つです。

引数	説明
entries	監視中の要素ごとの情報を持った配列のようなもの。例えばentry.isIntersectingというプロパティーで「画面内に入ったかどうか」がわかる
observer	生成したObserver自体を指す。特定の要素の監視をやめたいときは、observer.unobserve(entry.target)のように記述する

以下のコードは、要素が画面内に入ったら.showというクラスを付与し、非表示に戻らないように監視を停止する例です。

記述例

JavaScript

```
const callback = (entries, observer) => {
  entries.forEach(entry => {
    if (entry.isIntersecting) {
      entry.target.classList.add('show');
      observer.unobserve(entry.target);
    }
  });
};
```

スクロールアニメーション以外にも、無限スクロール（次のコンテンツを自動で読み込み表示する機能）や、広告の表示タイミング管理など、さまざまな用途で使われています。最初は難しく感じるかもしれませんが、仕組みを理解すればとても便利なので、ぜひWebサイトの演出などに活用してみてください。

スクロールによるテキスト効果

スクロールしたタイミングで見出しや文章にエフェクトをかけるテキスト演出は、閲覧者の注意を引きやすく、Webサイトの世界観を強調できます。特に見出し部分にアニメーションを加えると、コンテンツを読み進めてもらいやすくなるメリットがあります。

［デモファイル］
C7-04-demo1～2

基本編：ラインの後に文字を表示する

基本編では、見出しテキストにラインが走った後に文字が表示されるという、シンプルながら印象的な演出を紹介します。LESSON 3のCOLUMNで説明したIntersection Observerで「画面に入ってきたらアニメーションを始める」という仕組みを作り、CSSでアニメーション内容を設定するのがポイントです。アニメーションの動きやタイミングは、CSSのtransitionや@keyframesで自由に変えられるので、Webサイトの雰囲気に合わせてカスタマイズしてみてください。

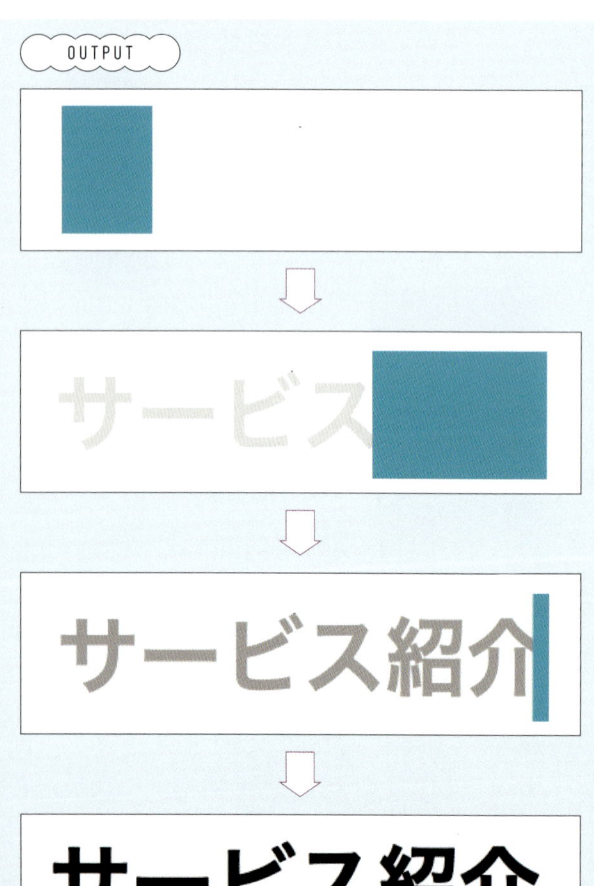

[デモファイル] C7-04-demo1
https://codepen.io/manabox/pen/KwPxwJG/

HTML

```
<main>
    <h2 class="heading"><span>サービス紹介</span></h2>
    <p>Lorem ipsum dolor sit amet, consectetuer. (省略)</p>

    <h2 class="heading"><span>お知らせ</span></h2>
    <p>Lorem ipsum dolor sit amet, consectetuer. (省略)</p>

    <h2 class="heading"><span>会社概要</span></h2>
    <p>Lorem ipsum dolor sit amet, consectetuer. (省略)</p>

    <h2 class="heading"><span>お問い合わせ</span></h2>
    <p>Lorem ipsum dolor sit amet, consectetuer. (省略)</p>
</main>
```

CSS

```
/* ラインとともに表示 */
.heading {
  position: relative;
  display: inline-block;
}
/* テキスト */
.heading span {
  opacity: 0;
  transition: opacity 1s .5s ease-in-out; /* 0.5秒遅らせる */
}
.heading.show span {
  opacity: 1;
}
/* ライン */
.heading.show::after {
  animation: line-movein 1s forwards;
  content: "";
  position: absolute;
  top: 0;
  left: 0;
  width: 100%;
  height: 100%;
  background-color: #0bd;
}
```

```css
@keyframes line-movein {
  0% {
    transform-origin: left;
    scale: 0 1;
  }
  50% {
    transform-origin: left;
    scale: 1 1;
  }
  51% {
    transform-origin: right;
  }
  100% {
    transform-origin: right;
    scale: 0 1;
  }
}
```

JavaScript

```javascript
// ページ内の .heading をすべて取得
const fadeInElements = document.querySelectorAll('.heading');

// Intersection Observer のオプション設定
const options = {
  root: null,          // ビューポートをルート要素とする
  rootMargin: '0px',   // オフセットなし
  threshold: 0.1       // 要素が10%見えたら発火
};

// Intersection Observer のコールバック
const callback = (entries, observer) => {
  entries.forEach(entry => {
    if (entry.isIntersecting) {
      // 要素が見えたらクラスを追加
      entry.target.classList.add('show');
      // 一度アニメーションが完了したら、再び監視しない場合は unobserve
      observer.unobserve(entry.target);
    }
  });
};

// 上記コールバックとオプションを使ってObserverを生成
const observer = new IntersectionObserver(callback, options);

// 取得した要素それぞれをObserverに登録
```

```
fadeInElements.forEach(el => observer.observe(el));
```

基本編では、見出しのテキスト部分とライン部分を別々にアニメーションさせています。CSSにある.heading.show spanの透明度を上げることでテキストが表示され、.heading.show::afterに指定した@keyframes line-moveinでラインが右に走っていくようなアニメーションを表現しています。
初期状態(.heading span)では不透明度を0にしているので、スクロールして要素が画面内に入った瞬間にクラス.showが加わることで、表示とライン演出が始まる仕組みです。

速度や色、幅をカスタマイズする

アニメーション速度の変更

CSSのtransition: opacity 1s .5s ease-in-out;やanimation: line-movein 1s forwards;を編集すると、フェードインやラインの動きを速くしたり、ゆっくりした動きにしたりできます。1sを2sにすると、全体的にゆったりした印象を与えます。

記述例

CSS

```
.heading span {
  transition: opacity 2s .5s ease-in-out; /* 2秒かけて動かす */
}
.heading.show::after {
  animation: line-movein 2s forwards; /* 2秒かけて動かす */
}
```

ラインの色や幅を変える

CSSの.heading.show::afterで指定しているbackground-color: #0bd;を別の色に変えると、Webサイトのテーマに合わせた演出が可能です。また、height: 100%;の値を大きくすると太めのラインになり、インパクトのある見出しを演出できます。

記述例

CSS

```
.heading.show::after {
  height: 120%;
  background-color: #f66;
}
```

応用編：文字をバラバラに浮かび上がらせる

1文字ずつバラバラに浮かび上がるような演出を作ってみます。文字が分割されてランダムに配置されたように見えるので、注目度の高いページやインパクトのあるメッセージを伝えたい場面で役立ちます。

OUTPUT

ス ロ ール に る キス

↓

ス ロールに る キス ト効

↓

スクロールによるテキスト効果

↓

スクロールによるテキスト効果

記述例

[デモファイル] C7-04-demo2
https://codepen.io/manabox/pen/vEBzagV/

https://codepen.io/manabox/pen/vEBzagV/

HTML

```html
<p class="target">スクロールによるテキスト効果</p>
<p class="target">文字をランダムに表示</p>
<p class="target">ふわふわっと浮かび上がります</p>
```

CSS

```css
.target span {
  display: inline-block;
  transition: 1s;
  opacity: 0;
  translate: 0 50px;
}
.target span.is-animated {
  opacity: 1;
  translate: 0;
}
```

CSSでは.target要素内の各文字をspanタグで囲い、最初は少し下にずらして(translate: 0 50px;)、不透明度を0にして非表示の状態にしています。.is-animatedをつけると、ふわっと上へ移動して表示される演出に切り替わります。

JavaScript

```javascript
// 文字列を1文字ずつ <span> で囲む関数
function wrapCharacters(text) {
  let result = "";
  for (let char of text) {
    result += `<span>${char}</span>`;
  }
  return result;
}

// すべての .target を取得
const targets = document.querySelectorAll(".target");

// 文字を <span> でラップして再設定
targets.forEach((target) => {
  target.innerHTML = wrapCharacters(target.textContent);
});
```

```
// IntersectionObserverを使ってすべての .target が見えた時にアニメーション
const observer = new IntersectionObserver((entries, obs) => {
  entries.forEach((entry) => {
    if (entry.isIntersecting) {
      // 交差している要素(.target)
      const t = entry.target;
      const chars = t.querySelectorAll("span");

      // 文字ごとにランダムなタイミングでクラスを付与
      chars.forEach((char) => {
        const delay = Math.floor(Math.random() * 1000); // 0~999msの乱数
        setTimeout(() => {
          char.classList.add("is-animated");
        }, delay);
      });

      // 1回だけアニメーションしたい場合は監視を解除
      obs.unobserve(t);
    }
  });
});

// それぞれの要素を監視開始
targets.forEach((target) => {
  observer.observe(target);
});
```

JavaScriptではwrapCharacters()関数でテキストを1文字ずつ<span>に包み込み、それらをinnerHTMLとして設定しています。その後、Intersection Observerを使って.target要素が画面内に入ると、各文字に短い時間差をランダムで設定しながら.is-animatedを付与します。
アニメーションが完了したら再び同じ動作をしないよう、obs.unobserve(t);で監視を解除しています。

時間差をカスタマイズする

時間差の範囲を変える

JavaScriptにあるMath.floor(Math.random() * 1000)を変更すると、ランダムな遅延の幅が変わります。例えば値を2000にすると、最大2秒までの遅延が発生し、よりドラマチックに見せることが可能です。

JavaScript

```
chars.forEach((char) => {
  const delay = Math.floor(Math.random() * 2000); // 最大2秒までの遅延
  setTimeout(() => {
    char.classList.add("is-animated");
  }, delay);
});
```

移動方向やアニメーションプロパティーの変更

CSSでtranslate: 0 50px;をtranslate: 50px 0;にすると横からスライド表示に、transition: 2s;と書き換えればゆっくりした動きになります。rotateやscaleを組み合わせて回転や拡大を加えると、さらに個性的な演出を作れます。デザインに合わせてカスタマイズしてみてくださいね。

パララックス効果で遠近感を出す

パララックス(視差)効果とは、スクロールに合わせて背景や前景の動く速度を変え、奥行きや遠近感を演出する手法です。手軽にWebサイトを華やかにできるメリットがあり、訪問者の興味を引きやすくなります。また、見た目が動的になることでコンテンツ全体の印象をアップさせる効果も期待できます。

[デモファイル]
C7-05-demo1~2

基本編:スクロール時に「奥にある」ような演出を作る

背景画像をゆっくり動かすことで、スクロール時に「奥にある」ような演出を作ります。JavaScriptではページのスクロール量を取得し、その値に応じて背景位置を変更する仕組みにします。シンプルながらインパクトのある動きが得られるので、トップページのメインビジュアルなどにも活用できるでしょう。

OUTPUT

[デモファイル] C7-05-demo1
https://codepen.io/manabox/pen/gbYdbZR/

```
<div id="parallax"></div>
```

CSS

```
/* 背景画像のパララックス */
#parallax {
  background: url("images/mountain.jpg") center/cover no-repeat;
  height: 600px;
}
```

JavaScriptでスクロール量に応じてbackground-positionを変えるため、背景画像の位置の指定や、background-attachment: fixed;は使用していません。

JavaScript

```
const parallaxEl = document.querySelector("#parallax");
window.addEventListener("scroll", () => {
  // スクロール量を取得
  const scrollY = window.scrollY;
  // スクロール量に合わせて、背景の垂直方向の位置を少し動かす(例:0.5倍)
  parallaxEl.style.backgroundPositionY = `${scrollY * 0.5}px`;
});
```

JavaScriptでは、window.addEventListener("scroll", ...)でスクロールのたびに処理を行い、window.scrollY (ページの垂直方向のスクロール量) を取得しています。その値に0.5をかけてbackgroundPositionYに代入することで、画像がゆっくり動くように見せています。かける値を変えれば、背景の動き具合 (奥行き感) を調整できます。

強調や方向をカスタマイズする

背景の動きを強調する

JavaScriptのscrollY * 0.5をscrollY * 0.8やscrollY * 0.3のように変更すると、背景の動く速度が変化します。数値を大きくすれば動きが大きくなり、よりダイナミックな印象になります。

記述例

JavaScript

```
parallaxEl.style.backgroundPositionY = `${scrollY * 0.8}px`;
```

水平方向に動かす

パララックス効果を横方向で見せたい場合は、JavaScriptのbackgroundPositionXを変更します。例えばparallaxEl.style.backgroundPositionX = ${scrollY * 0.5}px;のようにして、スクロール量に応じて横へスライドさせることも可能です。

JavaScript

```
parallaxEl.style.backgroundPositionX = `${scrollY * 0.5}px`;
```

応用編：遠近感を演出する

応用編では複数の画像を異なる速度で動かし、よりはっきりと遠近感を演出してみます。最奥のレイヤー、真ん中の背景、そして手前のレイヤーというように画像を複数枚配置し、それぞれに異なる動きを与えることでインタラクティブな見せ方が可能になります。

OUTPUT

［デモファイル］C7-05-demo2
https://codepen.io/manabox/pen/raBZVNX/

HTML

```
<div class="parallax-container">
    <div>
        <h1>パララックス（視差）効果</h1>
```

```html
        <p>JavaScriptでスクロール量に応じて3枚の画像位置を変更します。</p>
    </div>

    <!-- 奥のレイヤー画像(大きめのふんわり) -->
    <img src="images/particle2.png" class="layer layer-back" alt="">
    <!-- 手前のレイヤー画像(小さめのふんわり) -->
    <img src="images/particle1.png" class="layer layer-front" alt="">
</div>
```

.parallax-containerの中にテキスト、背景画像、前景画像を重ねています。前景と背景はPNGなどの透過画像を使うと、重ねる表現がしやすくなります。

CSS

```css
.parallax-container {
  position: relative;
  width: 100%;
  height: 140vh;
  overflow: hidden; /* 要素からはみ出す部分を非表示にする */
  display: flex;
  justify-content: center;
  align-items: center;
  background: url('images/ocean.jpg') center/cover no-repeat;
  color: #fff;
}

/* レイヤー画像のスタイル */
.layer {
  position: absolute;
  width: 100%;
  height: auto;
  top: 0;
  left: 0;
}
.layer-back {
  z-index: 1; /* 奥側 */
}
.layer-front {
  z-index: 2; /* 手前側 */
}
```

CSSの.parallax-containerにはメインの背景画像をセットし、さらに.layer-backと.layer-frontを重ねています。各要素にposition: absolute;をつけているのは、スクロール時、自由に位置を動かすためです。

JavaScript

```
const layerBack = document.querySelector(".layer-back");
const layerFront = document.querySelector(".layer-front");

// スクロール時に呼び出されるイベント
window.addEventListener("scroll", () => {
  // 現在のスクロール量を取得
  const scrollY = window.scrollY;

  /**
   * ここでは、要素ごとに異なるスピード係数を掛けています。
   * - 奥のレイヤー (layerBack) は 0.4 の速度でスクロール
   * - 手前のレイヤー (layerFront) は 0.8 の速度でスクロール
   * 値を調整することで奥行きの度合いを変化させられます。
   */
  layerBack.style.translate = `0 ${scrollY * 0.4}px`;
  layerFront.style.translate = `0 ${scrollY * 0.8}px`;
});
```

JavaScriptでは、スクロール量に比例して.layer-backと.layer-frontをそれぞれ異なる速さで上下方向に移動させています。係数を大きくすれば速く、小さくすれば遅く動くようになります。上手に調整すると背景だけがゆっくり動き、前景の要素は速く動くので、まるで本当に奥行きがあるかのような立体感を表現できます。

横方向や回転、拡大／縮小をカスタマイズする

横方向にも動きを加える

縦だけでなく横方向にも違う係数をかけてみると、スクロールに合わせて斜めに動くアニメーションが可能です。例えば、JavaScriptで${scrollY * 0.4}px ${scrollY * 0.4}pxのように記述すると、上下左右に移動できます。

記述例

JavaScript

```
layerBack.style.translate = `${scrollY * 0.4}px ${scrollY * 0.4}px`;
```

スクロールで色を変える

スクロール操作に応じて色が変化すると、ページ全体に遊び心や視覚的な変化を取り入れられます。色だけの変化であっても、Webサイトの印象をガラリと変えられるのが大きなメリットです。

［デモファイル］
C7-06-demo1～2

基本編：セクションごとに背景色を変える

まずはシンプルに、セクションごとにbodyの背景色を変える方法を紹介します。Intersection Observerを使い、各セクションが画面の半分以上表示されたタイミング（threshold: 0.5）で色を切り替えます。コード自体は短いですが、スクロールするだけで背景が変わるのでわかりやすい演出になります。

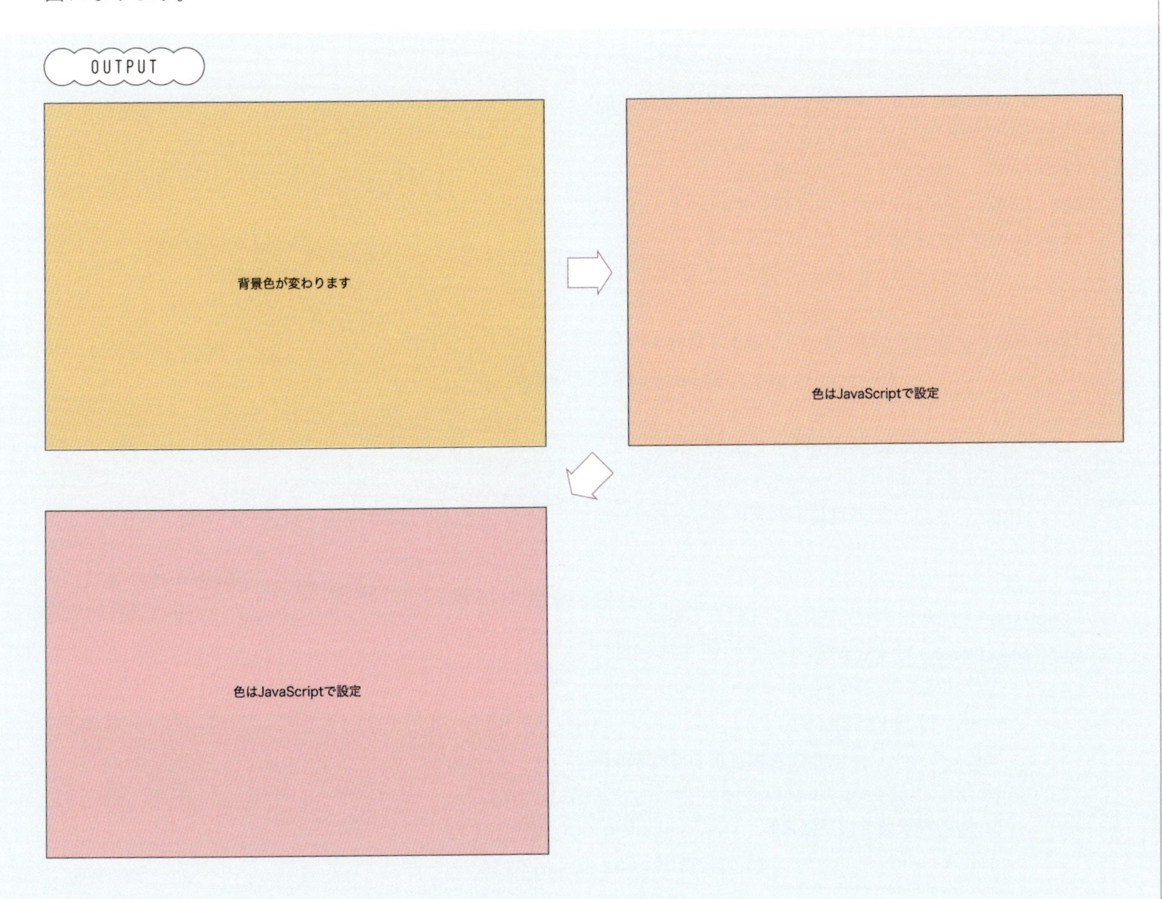

[デモファイル] C7-06-demo1
https://codepen.io/manabox/pen/vEBVGze/

HTML

```
<section id="section1">↓ スクロール ↓</section>
<section id="section2">背景色が変わります</section>
<section id="section3">色はJavaScriptで設定</section>
```

CSS

```
body {
  transition: background-color .5s;
}
```

CSSでbodyにtransitionを設定しているのは、背景色の変化をなめらかに見せるためです。

JavaScript

```
// セクションIDに対応する背景色をまとめたオブジェクト
const sectionColors = {
  section1: "#fff9c4", // 薄い黄色
  section2: "#fad296", // 薄いオレンジ
  section3: "#f8bbd0" // 薄いピンク
};

// 監視対象となるすべてのセクション要素を取得
const sections = document.querySelectorAll("section");

// IntersectionObserver のオプション
const options = {
  threshold: 0.5 // 画面に50%見えたら交差とみなす
};

// IntersectionObserverのコールバック関数
const callback = (entries) => {
  entries.forEach((entry) => {
    if (entry.isIntersecting) {
      // 交差したセクションのIDをキーにして色を取得
      const color = sectionColors[entry.target.id];
      // bodyの背景色を切り替える
      document.body.style.backgroundColor = color;
    }
  });
};
```

```
// IntersectionObserverを作成し、各セクションを監視
const observer = new IntersectionObserver(callback, options);
sections.forEach((section) => observer.observe(section));
```

JavaScriptではまず、セクションのIDと対応する色をオブジェクトsectionColorsにまとめます。次に、document.querySelectorAll("section")で全セクションを取得し、Intersection Observerを作成します。threshold: 0.5によって、要素が画面の半分以上表示されたタイミングで「交差している」とみなされます。
コールバック関数callbackの中では、entry.target.idに基づいて色を取り出し、document.body.style.backgroundColorで背景色を動的に切り替えています。こうすることで、スクロールに応じて段階的に色が変わり、見た目に変化をつけられます。

スタイルやしきい値をカスタマイズする

複数の背景スタイルを混ぜる

単純に背景色を変えるだけでなく、背景画像を切り替えたり、グラデーションを適用してみたりと、オブジェクト内にさまざまなCSSコードを入れ込む方法もあります。インラインスタイルで背景色以外のプロパティーを同時に変更するのも1つのアレンジです。

しきい値の調整

JavaScriptのthreshold: 0.5の値を変えると、色が切り替わるタイミングも変化します。例えばthreshold: 0.2にすると、セクションの20%が画面に入った段階で背景色が変わるので、やや早めに切り替わります。

記述例

JavaScript

```
const options = {
  threshold: 0.2 // 画面に20%見えたら交差とみなす
};
```

応用編：グラデーションカラーに変える

今度は文字に動きを与えながら、スクロールに応じたグラデーションカラーの変化を取り入れてみましょう。ここでは、見出し(.heading)の文字にグラデーションが適用されるようにしたうえで、スクロールの量に応じてグラデーションの位置をずらす手法を使っています。文字の色合いが画面内を移動するスピードや範囲によって変わっていくような演出になります。

OUTPUT

サービス紹介

⇩

サービス紹介

⇩

サービス紹介

[デモファイル] C7-06-demo2
https://codepen.io/manabox/pen/zxOmWXP/

HTML

```
<main>
    <h2 class="heading">サービス紹介</h2>
    <p>Lorem ipsum dolor sit amet, (省略)</p>

    <h2 class="heading">お知らせ</h2>
    <p>Lorem ipsum dolor sit amet, (省略)</p>

    <h2 class="heading">会社概要</h2>
    <p>Lorem ipsum dolor sit amet, (省略)</p>

    <h2 class="heading">お問い合わせ</h2>
    <p>Lorem ipsum dolor sit amet, (省略)</p>
</main>
```

CSS

```css
.heading {
  background-image: linear-gradient(
    45deg,
    rgb(37, 47, 255) 0%,
    rgb(124, 192, 226) 50%,
    rgb(242, 233, 102) 120%
  );
  -webkit-text-fill-color: transparent;
  text-fill-color: transparent;
  -webkit-background-clip: text;
  background-clip: text;
  font-size: 4rem;
  font-weight: bold;
  margin: 6rem 0 2rem;
}
```

ここでは「文字を塗りつぶす」のではなく、文字自体を透明にして、その背後にグラデーションを敷いています。これは、CSSでbackground-clip: text;（文字領域での背景クリップ）とtext-fill-color: transparent;などを組み合わせることで実装しています。

JavaScript

```javascript
const headings = document.querySelectorAll(".heading");

// スクロール時に呼び出す関数
const onScroll = () => {
  // ビューポートの高さ
  const windowHeight = window.innerHeight;

  headings.forEach((heading) => {
    // heading の位置情報を取得
    const rect = heading.getBoundingClientRect();

    // 要素がまったく見えていない場合は何もしない
    if (rect.bottom < 0 || rect.top > windowHeight) {
      return;
    }

    // 要素がビューポート内を移動する間 (上端がビューポート下端に触れてから
    // 下端がビューポート上端に触れるまで) を 0〜1 として進捗を計算する
    //   - 要素が画面に入り始めるとき: rect.top === windowHeight → progress = 0
    //   - 要素が画面から出る直前: rect.bottom === 0 → progress = 1
    //
    // 進捗 = 今どのくらいスクロールしたか / 全体スクロール量
```

スムーズなスクロール

```
    // 全体スクロール量 = 要素の高さ + 画面の高さ
    const totalScroll = rect.height + windowHeight;
    // 上端からの進捗 =「ビューポート下端 - 要素の上端」
    const scrolled = windowHeight - rect.top;
    // 0~1に正規化
    let progress = scrolled / totalScroll;
    // 範囲外を補正
    if (progress < 0) progress = 0;
    if (progress > 1) progress = 1;

    // progress(0~1) を 0~100 に変換
    const offset = progress * 100;

    // グラデーションの位置を更新
    heading.style.backgroundImage = `
        linear-gradient(
          45deg,
          rgb(37, 47, 255) ${0 - offset}%,
          rgb(124, 192, 226) ${50 - offset}%,
          rgb(242, 233, 102) ${120 - offset}%
        )
      `;
  });
}

// ページ読み込み時にも初回実行
onScroll();
// スクロールイベントを監視
window.addEventListener("scroll", onScroll);
```

JavaScriptではgetBoundingClientRect()を使い、要素の位置や高さ、画面の高さを組み合わせて、「ビューポート内でどの程度スクロールされたか」を0〜1の数値progressとして算出しています。progressを基に、linear-gradient()の色の配置を動的に変更し、スクロール量に応じて文字の色味が移動していくように見せているのがポイントです。
さらに、onScroll関数はスクロールイベントと初回実行時に呼び出され、見出しごとにグラデーションの位置を更新してくれます。実際にスクロールすると、文字のグラデーションカラーが徐々に移動していくように見えるはずです。

CHAPTER

8

制作効率を上げるライブラリー

アニメーションや機能を
簡単に実装できるライブラリーを使えば、
制作効率がぐんとアップします。
このChapterでは、多彩なライブラリーを使いこなして、
少ないコードでさまざまな効果を加える方法を紹介します。

ライブラリーとは

ライブラリーとは、あらかじめ用意されている便利な機能や部品のまとまりのことです。自分でイチからコードを書く代わりに、ライブラリーが提供しているCSSクラスを指定したり、JavaScriptの関数やメソッドを呼び出したりするだけでさまざまな処理を実現できます。例えば、アニメーション表示をスムーズに行うものや、複数のスタイルを簡単に付与できるもの、グラフなどの描画を簡略化するものなど、数多くのライブラリーが公開されています。

ライブラリーを使うメリット

効率よく制作を進められる

イチからコードを書かなくても、ライブラリーに含まれるスタイルや機能を呼び出すだけで目的の見た目や機能を実装できるため、開発スピードが大幅に上がります。複雑な処理も短いコードで済む場合が多く、保守や修正時の負担も軽くなることが期待できます。

品質が安定している

すでに多くのユーザーやプロジェクトで使われてきた実績あるライブラリーは、不具合が少なく安定して動作しやすいというメリットがあります。コミュニティや公式ドキュメント、サンプルコードなどの情報も豊富に揃っているため、問題が起きたときに素早く解決しやすい点も魅力ですね。

豊富な機能や拡張性

ライブラリーによっては、さまざまなプラグインや拡張機能が用意されていることがあります。複雑なUI（ユーザーインターフェース）やエフェクトを導入したいときも、追加でプラグインを導入するだけで実装可能となり、柔軟な拡張ができるのもメリットです。

POINT

プラグインとは

プラグインとは、本体のソフトウェアやライブラリーの機能を拡張する小さなプログラムです。プラグインを導入することで、必要な機能を追加でき、使い勝手を向上させることができます。

ライブラリーを使うときの注意点

ライブラリーの読み込み速度

大規模なライブラリーを多用すると、ページの読み込み時間が長くなったり、動作が重くなったりする可能性があります。実際に必要な機能だけを取り入れるか、軽量なほかのライブラリーを検討するなど、パフォーマンスを意識した選択が大切です。

バージョン管理と互換性

ライブラリーにもバージョンがあります。別のプラグインやほかのライブラリーと一緒に使う場合、互いのバージョンが原因で競合が起きるケースもあります。互換性情報をよく確認したうえで、適切なバージョンを選ぶようにしましょう。

ライセンスや利用規約の確認

ライブラリーの中には、商用利用に制限があるものや、改変時の配布方法が指定されているものがあります。特に商用サイトやクライアントワークでライブラリーを使う場合は、必ずライセンスを確認してから導入してください。

公式ドキュメントやコミュニティの活用

ライブラリーによっては導入方法や使用手順、トラブルシューティングがまとめられた公式ドキュメントやフォーラムが存在します。困ったときはまず公式ドキュメントを読み、コミュニティの情報を参考にすることで解決策を見つけやすくなります。

初めてライブラリーを使う場合は、まずは導入が簡単でドキュメントが充実しているものから試してみましょう。慣れてきたら機能を組み合わせて大規模なプロジェクトに生かすと、よりスムーズに運用が行えます。次のLESSONから、具体的なライブラリーの導入方法や活用例を詳しく見ていきましょう。

クラス指定だけでアニメーション「Animate.css」

［デモファイル］
C8-02-demo

Animate.cssは、CSSだけで簡単にアニメーションを実装できるライブラリーです。複雑なJavaScriptの記述をほとんど必要とせず、用意されたクラス名をHTML要素に付与するだけで、豊富なアニメーションを手軽に導入できるので、初心者から上級者まで幅広く利用しています。

Animate.css

https://animate.style/

Animate.cssの基本の使い方

Animate.cssを利用するには、まずAnimate.cssのCSSファイルをHTMLに読み込みます。CDN（公開されたサーバー）を使うか、公式サイトからダウンロードしたファイルを自分のプロジェクトに配置してリンクを張る方法があります。<head>内に以下のコードを貼りつけて、ファイルの読み込みは完了です。

HTML

```
<link
  rel="stylesheet"
  href="https://cdnjs.cloudflare.com/ajax/libs/animate.css/4.1.1/animate.min.css"
/>
```

基本構成は「Animate.cssのCSSファイルを読み込む」「アニメーションをつけたい要素にanimate__animatedとアニメーション名（例：animate__fadeIn）を指定する」だけです。アニメーション速度や繰り返し回数などは、アニメーション用のクラス名を追加で指定することでカスタマイズできます。

実装例：フェードインアニメーション

画面を読み込んだ際にタイトルがふんわり表示される実装例です。Animate.cssを読み込み、タイトル要素にクラスを付与すればOKです。

OUTPUT

ふんわりフェードイン

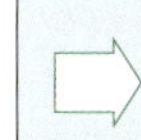

ふんわりフェードイン

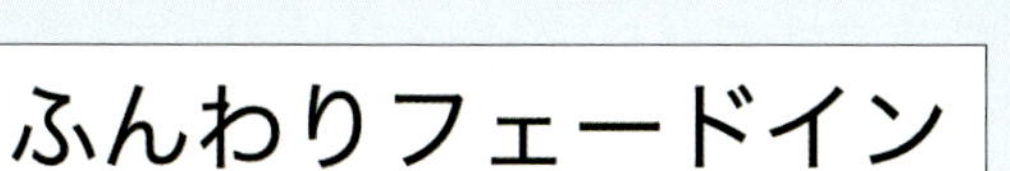

HTML

```
<p class="animate__animated animate__fadeIn">ふんわりフェードイン</p>
```

実装例：バウンス（弾む）アニメーション

要素が上下に弾むアニメーションです。ページ読み込み直後、自動的にバウンスアニメーションが再生されます。ユーザーの視線を集めたいボタンなどに使うと効果的です。

OUTPUT

ポンポン弾みます → ポンポン弾みます → ポンポン弾みます → ポンポン弾みます

記述例

HTML

```
<p class="animate__animated animate__bounce">ポンポン弾みます</p>
```

実装例：アニメーション速度の指定

Animate.cssでは「アニメーションが長すぎる」「短すぎる」といった場合に速度を調整できます。次のようにanimate__slowやanimate__fastを追加すると、アニメーションの再生速度が変わります。

OUTPUT

ゆっくりフェードイン
すばやくフェードイン

ゆっくりフェードイン
すばやくフェードイン

ゆっくりフェードイン
すばやくフェードイン

ゆっくりフェードイン
すばやくフェードイン

HTML

```html
<p class="animate__animated animate__fadeInDown animate__slow">
  ゆっくりフェードイン
</p>
<p class="animate__animated animate__fadeInDown animate__fast">
  素早くフェードイン
</p>
```

実装の注意点

クラス名に注意

Animate.cssのバージョン4以降では、アニメーションクラスのプレフィックスとしてanimate__が使われるようになりました。古いドキュメントやバージョンではクラス名が異なる場合があるので、使用時は公式サイトのバージョンを確認しましょう。

意図しない競合を防ぐ

すでにほかのCSSフレームワークやライブラリーを導入している場合、同名のクラスが存在すると競合する可能性があります。クラス名が衝突するとアニメーションが実行されなくなる場合もあるため、命名に注意し、バージョンや依存関係を確認しておくことが大切です。

パフォーマンスへの配慮

多数の要素にアニメーションを同時にかけると、ブラウザーやデバイスによっては動作が重くなることがあります。必要最小限のアニメーションに絞る、またはビューポートに入ったタイミングでアニメーションを再生する仕組みを組み合わせるなど、パフォーマンスを考慮した使い方を心がけましょう。

画像や動画を拡大表示「Fancybox」

［デモファイル］
C8-03-demo

Fancyboxは、画像や動画をクリックしたときにポップアップ表示（ライトボックス表示）を行うための軽量なJavaScriptライブラリーです。拡大表示やスライドショー機能など、視覚的にわかりやすい演出を手軽に導入できます。シンプルなマークアップで操作できるため、コーディング初心者でも比較的簡単に実装しやすいのが特徴です。

Fancybox

https://fancyapps.com/fancybox/

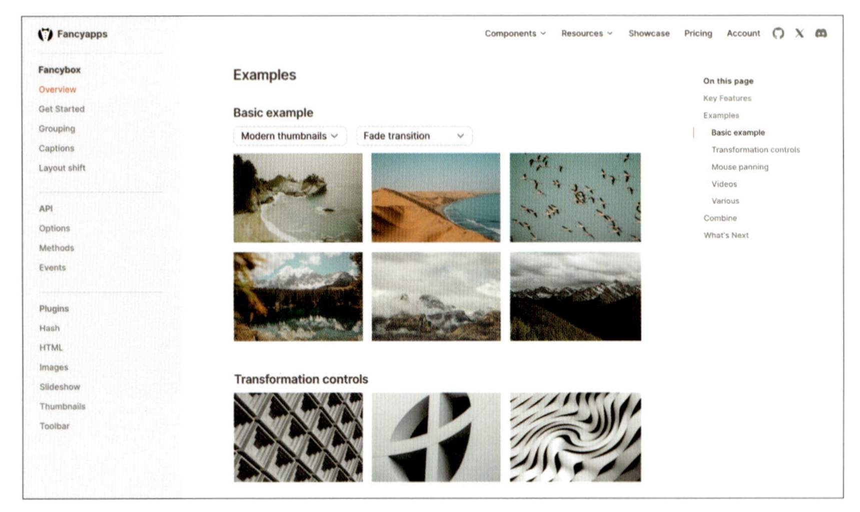

Fancyboxの基本の使い方

Fancyboxを利用するには、まず<head>タグ内にCSSとJavaScriptのファイルを読み込みます。

記述例

HTML

```
<link rel="stylesheet" href="https://cdn.jsdelivr.net/npm/@fancyapps/ui/dist/
fancybox.css" />
<script src="https://cdn.jsdelivr.net/npm/@fancyapps/ui/dist/fancybox.umd.js"></
script>
```

HTML要素にdata-fancybox属性を付与してグループ名（例：gallery）を指定すると、クリックした際にモーダルウィンドウで画像・動画を拡大表示できます。複数の画像を同じグループ名にすると、スライドショーのように切り替えて閲覧できる仕組みです。

基本の実装例：画像を拡大表示する

リンク先として大きい画像を用意し、サムネイル画像を表示します。必ずdata-fancybox属性をつけましょう。画像の説明文を一緒に表示させたい場合はdata-caption属性も記述します。

OUTPUT

記述例

HTML

```
<a data-fancybox href="images/fancybox1.jpg" data-caption="チョコレートケーキ">
    <img class="thumb" src="images/fancybox1-thumb.jpg" alt="サムネイル">
</a>
```

実装例：複数の画像をグループにまとめる

同じカテゴリーの画像などは、data-fancybox="gallery1"のように同じグループ名を指定することで、画像を左右の矢印操作で切り替えられます。

OUTPUT

制作効率を上げるライブラリー

記述例

HTML

```
<a data-fancybox="gallery1" href="images/fancybox2.jpg">
    <img class="thumb" src="images/fancybox2-thumb.jpg" alt="サムネイル1">
</a>
<a data-fancybox="gallery1" href="images/fancybox3.jpg">
    <img class="thumb" src="images/fancybox3-thumb.jpg" alt="サムネイル2">
</a>
```


実装例：動画をポップアップ表示する

FancyboxではYouTubeやVimeoなどの動画リンクを指定するだけで、オーバーレイ表示が可能です。こちらもdata-fancyboxに同じグループ名を指定すれば、ほかの動画や画像と同じウィンドウ内で切り替え表示もできます。

OUTPUT

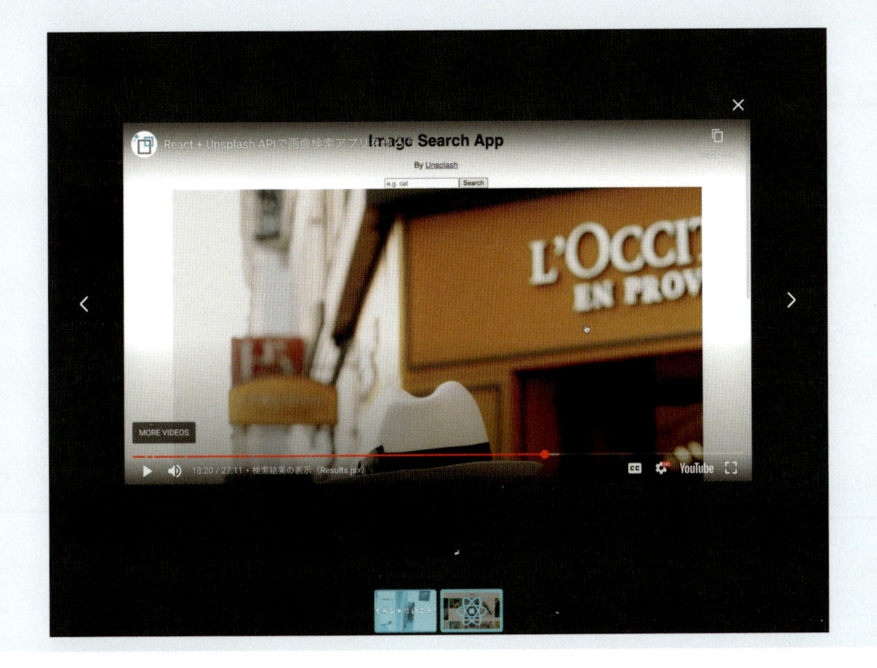

記述例

HTML

```
<a data-fancybox="gallery2" href="https://www.youtube.com/watch?v=wtQ6pAMmrpk">
    <img class="thumb" src="images/youtube-1.jpg" alt="YouTubeサムネイル">
</a>
<a data-fancybox="gallery2" href="https://www.youtube.com/watch?v=dbUAgdN2rT0">
    <img class="thumb" src="images/youtube-2.jpg" alt="YouTubeサムネイル">
</a>
```

実装の注意点

競合やカスタマイズ

別のモーダル系プラグインやライブラリーを併用すると、名前が衝突する可能性があります。また、見た目を大きく変えたい場合は、Fancybox固有のクラスを上書きしてスタイルを調整しましょう。ただし、変更が多すぎるとアップデート時に不具合が起こりやすいので注意が必要です。

スクロールに合わせてアニメーション「AOS」

https://codepen.io/manabox/pen/zxOyoJQ/

[デモファイル]
C8-04-demo

AOS (Animate On Scroll) は、スクロール位置をきっかけに要素をアニメーション表示できるライブラリーです。HTML要素に専用の属性をつけるだけで、フェードインやスライドイン、ズームインなど多彩なアニメーションを実装できます。複雑なJavaScriptの記述が不要で、初心者でもスムーズに導入できる点が大きな特徴です。

AOS (Animate On Scroll)

https://michalsnik.github.io/aos/

AOSの基本の使い方

AOSを利用するには、<head>内に、AOSのCSSとJavaScriptファイルを読み込みます。

記述例

HTML

```
<link href="https://unpkg.com/aos@2.3.1/dist/aos.css" rel="stylesheet">
<script src="https://unpkg.com/aos@2.3.1/dist/aos.js"></script>
```

その後、アニメーションをつけたい要素にdata-aos属性を指定し、アニメーションの種類を記述します。最後にJavaScript側でAOS.init()を呼び出すと、スクロール位置を監視しながらアニメーションが再生されるようになります。

JavaScript

```
AOS.init();
```

実装例:フェードアップ表示

ここで示しているHTMLは、フェードアップアニメーションのサンプルです。要素にdata-aos="fade-up"を指定し、JavaScriptでAOS.init()を呼び出せば、要素がスクロールで画面内に入った際にフェードアップします。

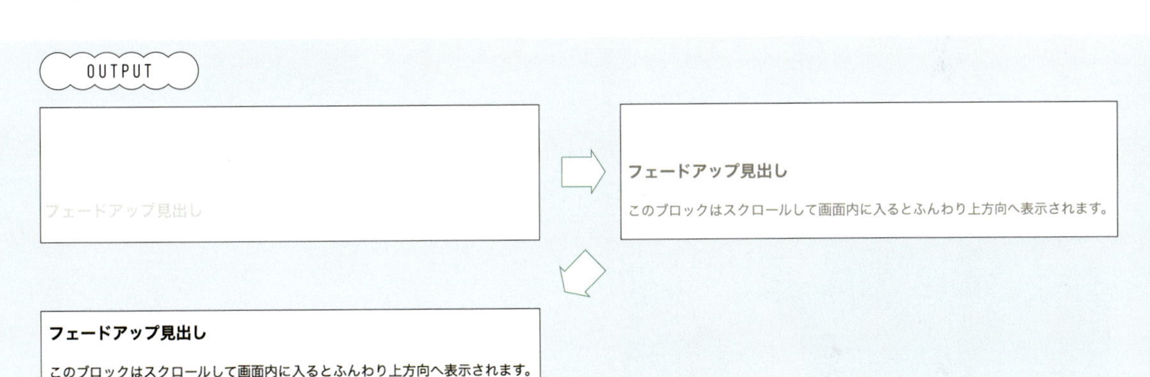

記述例

HTML

```
<div data-aos="fade-up">
  <h2>フェードアップ見出し</h2>
  <p>このブロックはスクロールして画面内に入るとふんわり上方向へ表示されます。</p>
</div>
```

JavaScript

```
AOS.init();
```

実装例：ズームイン表示

ズームインして要素が大きくなる演出です。要素にdata-aos="zoom-in"と指定するだけで拡大効果が適用されます。

記述例

HTML

```
<div data-aos="zoom-in">
  <img src="images/gift.jpg" alt="ギフト">
</div>
```

実装例：複数のオプションを組み合わせる

AOSでは遅延（data-aos-delay）やアニメーション時間（data-aos-duration）などの調整が可能です。この例では0.5秒遅れて2秒かけてフェードアップします。

遅延と長めのアニメーション

0.5秒遅れて2秒かけてフェードアップします。

遅延と長めのアニメーション

0.5秒遅れて2秒かけてフェードアップします。

遅延と長めのアニメーション

0.5秒遅れて2秒かけてフェードアップします。

記述例

HTML

```
<div data-aos="fade-up" data-aos-delay="500" data-aos-duration="2000">
  <h3>遅延と長めのアニメーション</h3>
  <p>0.5秒遅れて2秒かけてフェードアップします。</p>
</div>
```

実装の注意点

複数アニメーションの競合

ほかのアニメーション系ライブラリー（例：Animate.cssや自前のCSSアニメーション）と併用する場合、スタイルやトランジションが競合し、思った通りの動きにならないケースがあります。AOSで利用していない部分は別ライブラリーを使う、といった使い分けがおすすめです。

パフォーマンスへの配慮

多数の要素を一度にアニメーションさせると、古いデバイスやスペックの低い端末でカクつきが発生するかもしれません。特に画像が多いページでは、遅延を設定したり監視要素を減らしたりするなど、パフォーマンスに気を配った実装を心がけましょう。

手書き風マーカー「Rough Notation」

[デモファイル]
C8-05-demo

Rough Notationは、テキストや要素に手書き風のマーカーや下線、囲み線などを付与できるJavaScriptライブラリーです。あえてラフな線を再現することで、注目ポイントを楽しく強調できるのが特徴です。導入も簡単で、ファイルを読み込んで数行のコードを書くだけで、Webサイト上に手書き風の演出を加えられます。

Rough Notation

https://roughnotation.com/

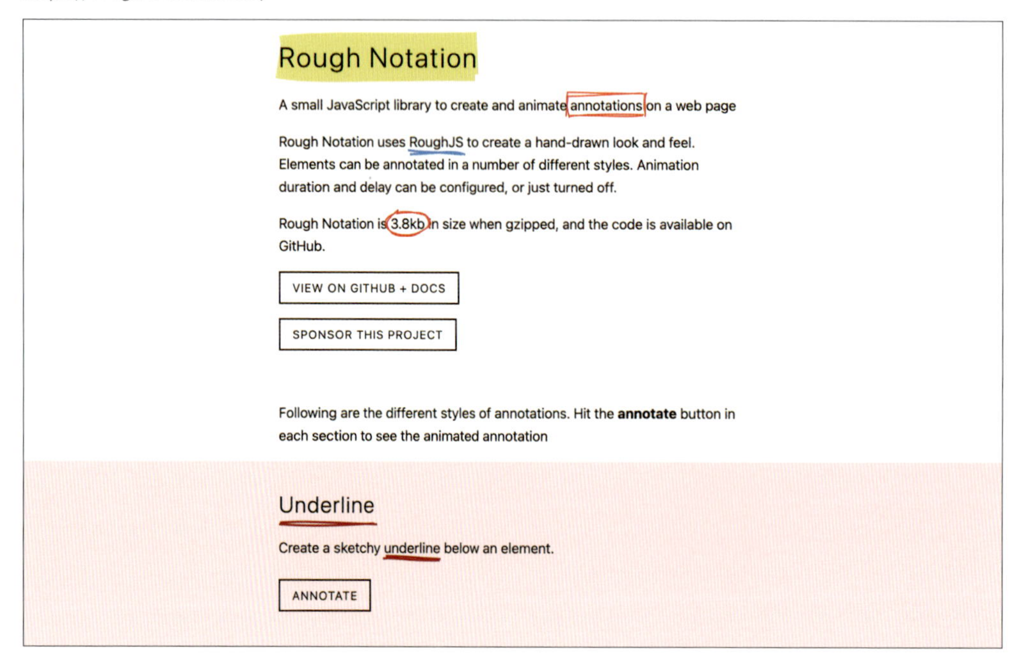

Rough Notationの基本の使い方

まず、公式サイトやCDNからライブラリーを<head>内に読み込みます。

HTML

```
<script src="https://unpkg.com/rough-notation/lib/rough-notation.iife.js"></script>
```

HTML側では、マーカーをつけたい要素を<p>などで囲み、JavaScriptでRough Notationの機能を呼び出します。主な流れは次の通りです。

1. Rough Notationのスクリプトを読み込む
2. RoughNotation.annotate()などのメソッドを使って注釈（マーカー）を生成する
3. 生成したオブジェクトをshow()で表示する

対応するスタイルや色、線のラフさ加減などもオプションで自由に設定できます。

実装例：シンプルに下線を引く

テキストに手書き風の下線を入れます。まずHTMLの<p>で任意のIDをつけてテキストを囲み、JavaScriptでtype: 'underline'として注釈を設定すると、ラフな線がアニメーションしながら描画されます。

OUTPUT

ここに手書き風マーカーを引きたいテキスト

ここに手書き風マーカーを引きたいテキスト

ここに手書き風マーカーを引きたいテキスト

記述例

HTML

```
<p id="simple-underline">ここに手書き風マーカーを引きたいテキスト</p>
```

JavaScript

```
const text = document.querySelector('#simple-underline');
const annotation = RoughNotation.annotate(text, {
  type: 'underline',
  color: '#0bd'
});
annotation.show(); // 実際に表示
```

実装例：ハイライトをつける

下線以外にマーカー（ハイライト）をつけたい場合は、JavaScriptでtype: 'highlight'を指定します。背景色を変更したい場合は、colorの値を好みのカラーコードに変更してください。

重要ポイント

重要ポイント

重要ポイント

記述例

HTML

```html
<p id="highlight-text">重要ポイント</p>
```

JavaScript

```javascript
const highlightTarget = document.querySelector("#highlight-text");
const highlight = RoughNotation.annotate(highlightTarget, {
  type: 'highlight',
  color: '#fe2'
});
highlight.show();
```


実装例：手書き風の枠で囲む

文字や画像などを枠で囲みたいときは、JavaScriptでtype: 'box'やtype: 'circle'を使います。animate: falseのオプションを付与すると、アニメーションせずに一瞬で表示させることもできます。

OUTPUT

枠で囲みたい要素

枠で囲みたい要素

枠で囲みたい要素

HTML

```
<div id="box-target">
  枠で囲みたい要素
</div>
```

JavaScript

```
const boxTarget = document.querySelector("#box-target");
const box = RoughNotation.annotate(boxTarget, {
  type: 'box',
  color: '#f79',
  animate: true,
  strokeWidth: 2
});
box.show();
```

実装の注意点

要素の配置やサイズに影響

Rough Notationは要素のサイズや配置を基に線を描画します。レスポンシブデザインによりサイズが変化する場合などは、描画タイミングによっては線が崩れる可能性があります。ページのレイアウトが確定したタイミングで注釈を表示すると、より正しい位置に線が引かれます。

アニメーションとパフォーマンス

大量の要素に一度に注釈をつけると、ブラウザーの負荷が高くなる可能性があります。特にアニメーションを同時に実行するときはパフォーマンスに注意し、必要最低限の要素に絞るなどの工夫を行うとよいでしょう。

カーソルに合わせて動く3Dテキスト「ztext.js」

[デモファイル]
C8-06-demo

ztext.jsは、ブラウザー上のテキストや要素を、奥行きのある3D風に見せるライブラリーです。マウスカーソルの動きやデバイスの傾きに合わせて立体的に動かすことが可能で、特別な3Dグラフィックスの知識がなくても、視覚的にインパクトのある演出を簡単に実装できます。

ztext.js

https://bennettfeely.com/ztext/

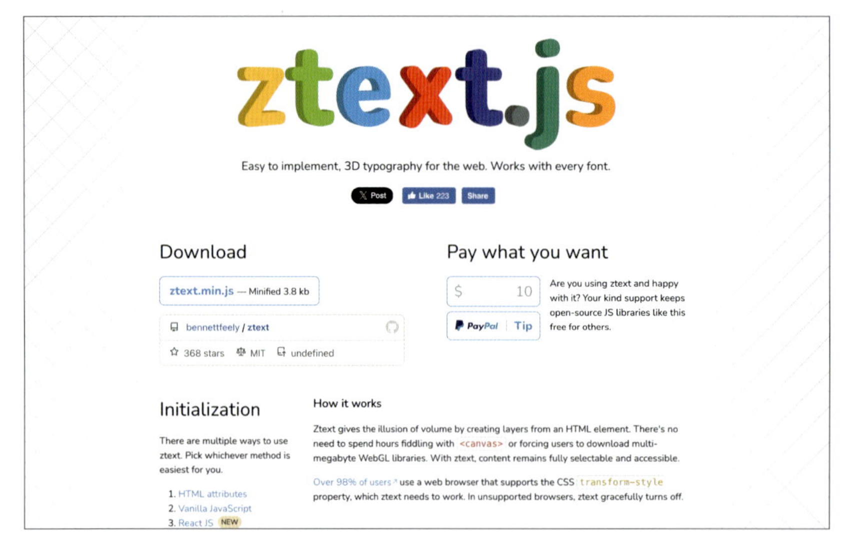

ztext.jsの基本の使い方

基本的な導入手順は、ztext.jsのスクリプトを読み込み、対象の要素のクラスを指定してJavaScriptで効果を指定する流れです。CDNを使ってHTMLファイル内で読み込むか、公式サイトからファイルをダウンロードして配置してもOKです。
まず、<head>内にztext.jsのファイルを読み込みます。

記述例

HTML

```
<script src="https://cdn.jsdelivr.net/gh/bennettfeely/ztext/js/ztext.min.js"></
script>
```

JavaScriptで、効果を加えたい要素とオプションを指定します。

JavaScript

```
var ztxt1 = new Ztextify("任意の要素", {
  // オプションを記述
});
```

立体表現には要素の重なりや透視投影を利用していますが、コーディング作業は主に用意されているオプション設定で行えるため、初心者でも扱いやすいです。

実装例：シンプルな3Dテキスト

これは最も基本的な例です。テキスト要素にクラスや属性を付与し、JavaScriptでnew Ztextifyを呼び出して初期化するだけで簡単に3D化できます。

OUTPUT

シンプルテキスト

記述例

HTML

```
<p class="text1">シンプルテキスト</p>
```

JavaScriptのlayersでは、同じ要素を何個重ねるかの指定ができます。奥行きの大きさや文字サイズにもよりますが、値を10〜30くらいに設定するとなめらかな奥行きを表現できます。

JavaScript

```
var ztxt1 = new Ztextify(".text1", {
  layers: 10,
});
```

影の部分の色は、z-layerというクラスがスクリプトにより自動的に複製された要素なので、:not(:first-child)を使って色を加えるとよいでしょう。「最初のz-layerクラス以外のz-layerクラス」に指定ができます。つまり一番上の層はそのままで、それより下にくる部分には色をつける、という意味ですね。

CSS

```
.z-layer:not(:first-child) {
  color: #07b;
}
```

実装例：マウスカーソル連動の演出

ztext.jsはマウスカーソルの動きに合わせて要素を揺らすことが可能です。オプションでevent: 'pointer'を設定すると、マウスカーソルの位置に応じて要素がグリグリ動きます。

OUTPUT

記述例

JavaScript

```
var ztxt2 = new Ztextify('.text2', {
  layers: 10,
  event: 'pointer',
});
```

実装例：スクロール連動の演出

JavaScriptのeventオプションは、ほかにもスクロールに合わせて要素を動かすscrollという値も指定できます。スクロールに合わせて、中心部分に向かって傾くようになりますよ。親要素にスクロールできるだけの高さや幅がないと動作しないので注意が必要です。
ふんわりとシャドウをつけたいときはfadeオプションを使いましょう。真偽値なので、trueとしてみると、奥行きの一番後ろにくる部分がふわっと消えているような感じになります。

スクロールで動くテキスト

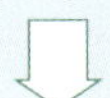

スクロールで動くテキスト

スクロールで動くテキスト

記述例

JavaScript

```
var ztxt3 = new Ztextify('.text3', {
  layers: 10,
  event: 'scroll',
  fade: true,
});
```

実装の注意点

フォントサイズやレイアウト

ztext.jsでテキストを立体化すると、要素のサイズや親要素とのバランスが変化することがあります。特に大きめのフォントを使う場合、親要素がはみ出してしまう可能性があるため、余白や行間などレイアウト面を考慮しながら調整しましょう。

パフォーマンスに配慮

複数の要素を深い奥行き設定で立体化し、かつマウスカーソルとの連動などリアルタイム処理を多用すると、ブラウザーの負荷が増える場合があります。必要な要素だけに絞ってztext.jsを適用するなど、パフォーマンス面も意識しておくと、ユーザーも快適にページを閲覧できます。

タッチ操作のできるスライダー「Swiper」

［デモファイル］
C8-07-demo

Swiperは、スマートフォンやタブレットなどのタッチ操作に対応したスライダーライブラリーです。モバイル向けを意識して設計されているため、スワイプ操作やドラッグ操作への反応がよく、軽快なアニメーションで画像やコンテンツを切り替えられます。また、パソコン環境でのクリックやマウスドラッグにも対応しており、レスポンシブに活用できる点が特徴です。

Swiper

https://swiperjs.com/

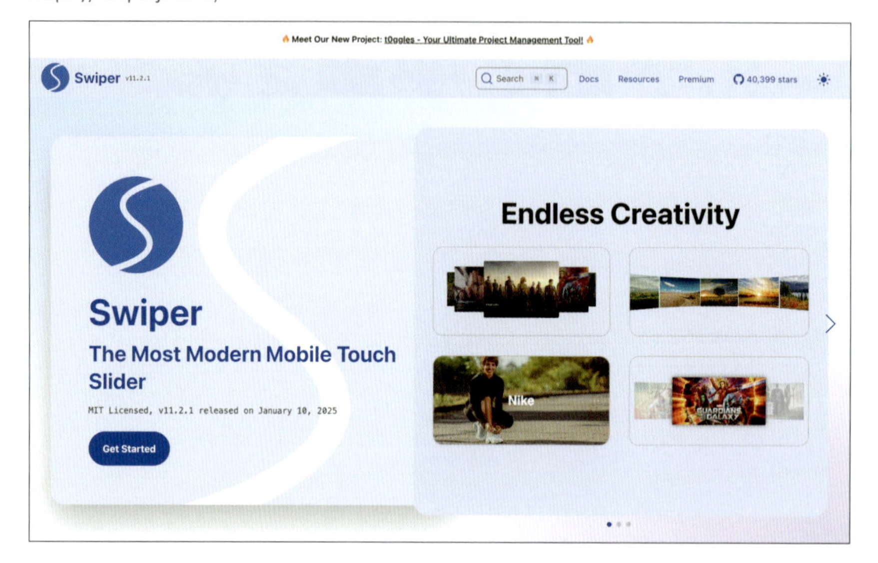

Swiperの基本の使い方

Swiperを導入するには、公式サイトやCDNから<head>内にCSSとJSファイルを読み込みます。

記述例

HTML

```
<link rel="stylesheet"  href="https://cdn.jsdelivr.net/npm/swiper@11/swiper-bundle.min.css">
<script src="https://cdn.jsdelivr.net/npm/swiper@11/swiper-bundle.min.js"></script>
```

HTML側では、<div class="swiper">コンテナの中に<div class="swiper-wrapper">と複数の<div class="swiper-slide">を配置する構造が基本となります。そしてJavaScriptでスライダーを初期化すると、タッチ操作やマウスドラッグによるスライド切り替えが有効になります。

実装例：シンプルなスライダー

次のコードは最も基本的な実装例です。swiper-bundle.cssとswiper-bundle.jsを読み込み、HTMLの構造さえ整えれば、JavaScriptでnew Swiper()を呼び出すだけで機能します。

記述例

HTML

```
<div class="swiper">
  <div class="swiper-wrapper">
    <div class="swiper-slide">スライド1</div>
    <div class="swiper-slide">スライド2</div>
    <div class="swiper-slide">スライド3</div>
  </div>
</div>
```

JavaScript

```
const swiper1 = new Swiper(".swiper");
```

実装例：ページネーションとナビゲーション

スライドのページを示すドットや、次へ／前へ移動するための矢印ボタンを表示したい場合は、オプションを指定します。ここの例では「ページネーション」と「ナビゲーションボタン」を有効にしています。必要であればCSSでスタイルを整えましょう。また、同じページ内で複数のスライダーを設置したい場合は、親要素の<div class="swiper">に別のクラスも追加し、JavaScript側で追加したクラスを指定するとよいでしょう。

OUTPUT

記述例

HTML

```
<div class="swiper swiper2">
  <div class="swiper-wrapper">
    <div class="swiper-slide">スライド1</div>
    <div class="swiper-slide">スライド2</div>
    <div class="swiper-slide">スライド3</div>
  </div>
  <!-- ページネーション用の要素 -->
  <div class="swiper-pagination"></div>
  <!-- ナビゲーションボタン -->
  <div class="swiper-button-prev"></div>
  <div class="swiper-button-next"></div>
</div>
```

JavaScript

```
const swiper2 = new Swiper(".swiper2", {
  // ページネーションを有効に
  pagination: {
    el: ".swiper-pagination"
  },
  // ナビゲーションボタンを有効に
  navigation: {
    nextEl: ".swiper-button-next",
    prevEl: ".swiper-button-prev"
  }
});
```

実装例：ループとオートプレイ

スライドをループ（最後のスライドが終わったら再度最初に戻る）させたい場合はloop: trueを、数秒おきに自動でスライドが切り替わるオートプレイをつけたい場合はautoplayオプションを、JavaScriptで利用します。

記述例

HTML

```
<div class="swiper swiper3">
  <div class="swiper-wrapper">
    <div class="swiper-slide">スライド1</div>
    <div class="swiper-slide">スライド2</div>
    <div class="swiper-slide">スライド3</div>
  </div>
</div>
```

JavaScript

```
const swiper3 = new Swiper(".swiper3", {
  loop: true,
  autoplay: {
    delay: 3000, // 3秒ごとに切り替え
    disableOnInteraction: false // ユーザー操作後も自動再生を継続
  }
});
```

実装の注意点

HTML構造を守る

Swiperを正常に動作させるためには、.swiper → .swiper-wrapper → .swiper-slide という階層構造が必要です。クラス名や入れ子構造を間違えるとスライダーがうまく動かないので、基本的なHTMLの書き方を守りましょう。

CSSの競合とレイアウト調整

Swiperは自身でoverflow: hidden;やフレックスボックスなどを使ってスライド表示を制御しています。別のフレームワークやライブラリー、独自のCSSと競合する可能性があるため、表示が崩れる場合は.swiper周辺のスタイリングを調整してください。

シンプルなモーダルウィンドウ「SweetAlert2」

https://codepen.io/manabox/pen/qEWLweQ/

［デモファイル］
C8-08-demo

SweetAlert2は、JavaScriptの標準アラートダイアログを美しく置き換えるためのモーダルウィンドウライブラリーです。レスポンシブでカスタマイズ性が高く、数行のコードで情報提示や確認ダイアログをスタイリッシュに表示できます。色やアイコン、ボタンの文言など細かな設定が可能で、汎用性に優れているのが特徴です。

SweetAlert2

https://sweetalert2.github.io/

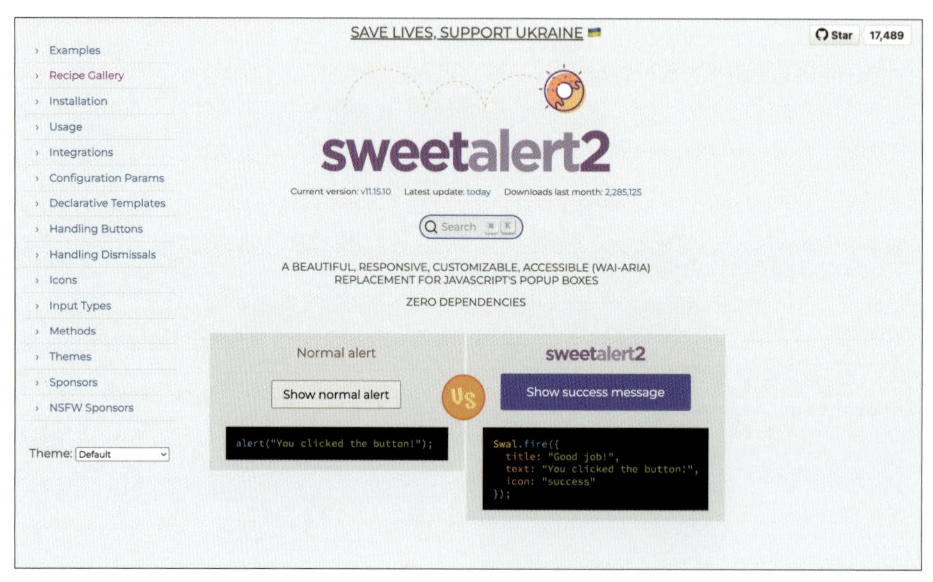

SweetAlert2の基本の使い方

SweetAlert2の導入方法はさまざまですが、CDNを利用する場合は、<head>内に以下のコードを設置するだけでOKです。

HTML

```
<script src="https://cdn.jsdelivr.net/npm/sweetalert2@11"></script>
```

その後、JavaScriptでSwal.fire()を呼び出すと、モーダルウィンドウが表示されます。オプションをオブジェクト形式で渡すことで、タイトルやメッセージ、ボタンの設定、アイコン表示などを自由に調整できます。

実装例：基本のアラートダイアログ

ページのボタンをクリックすると、シンプルなアラートダイアログが表示される例です。Swal.fire()の第一引数がタイトル、第二引数が本文、第三引数がアイコンの種類（'info'／'success'／'error'／'warning'／'question'）です。

OUTPUT

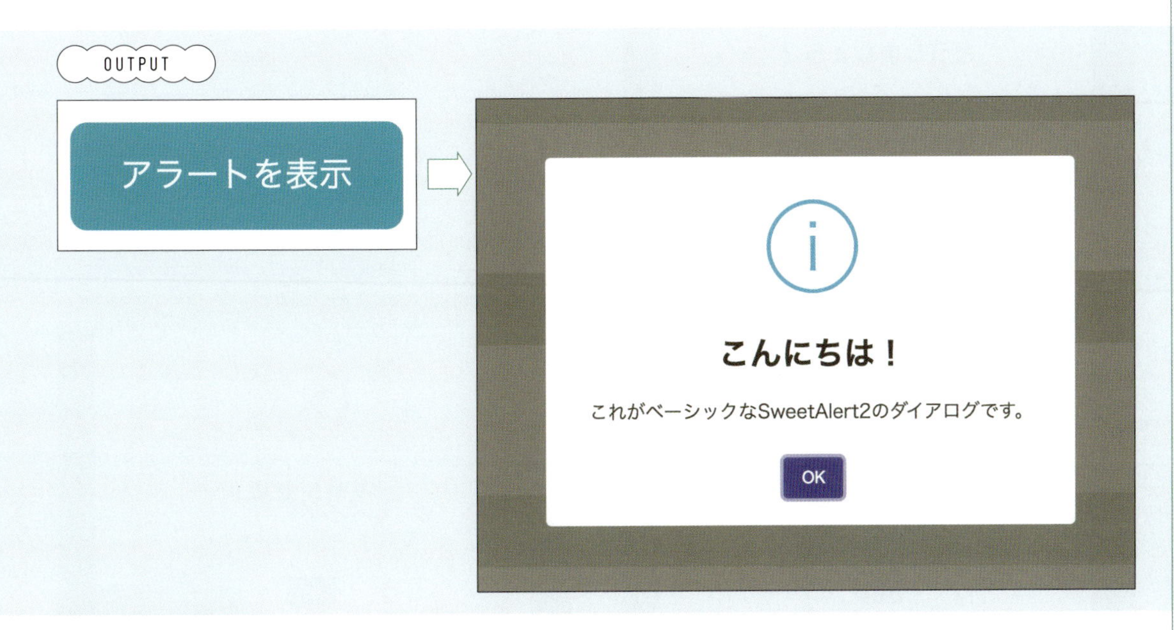

記述例

HTML

```
<button id="alert-btn">アラートを表示</button>
```

JavaScript

```
document.querySelector('#alert-btn').addEventListener('click', () => {
  Swal.fire('こんにちは！', 'これがベーシックなSweetAlert2のダイアログです。', 'info');
});
```

実装例：確認ダイアログと結果の操作

［OK］と［キャンセル］の2つのボタンを表示する確認ダイアログを作りたい場合は、showCancelButton: trueを指定します。クリック結果を受け取って、処理を分岐することも可能です。

OUTPUT

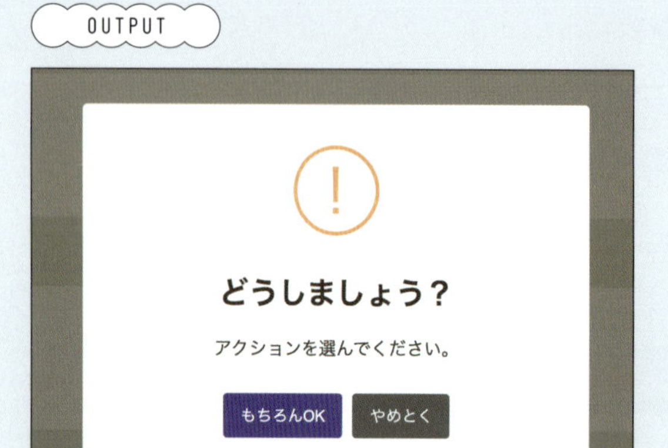

記述例

HTML

```
<button id="confirm-btn">確認する</button>
```

JavaScript

```
document.querySelector('#confirm-btn').addEventListener('click', () => {
  Swal.fire({
    title: 'どうしましょう？',
    text: 'アクションを選んでください。',
    icon: 'warning',
    showCancelButton: true,
    confirmButtonText: 'もちろんOK',
    cancelButtonText: 'やめとく'
  }).then((result) => {
    if (result.isConfirmed) {
      // OKが押された場合の処理
      Swal.fire('完了！', 'すべて完璧にうまくいきました！', 'success');
```

```
    } else {
      // キャンセルされた場合の処理
      Swal.fire('キャンセル', '安全にキャンセルされました。', 'error');
    }
  });
});
```

実装例：カスタムHTMLコンテンツ

テキストだけでなく、htmlプロパティーに直接HTML文字列を渡すだけで、自由度の高いダイアログが表示されます。フォームを配置することも可能です。

OUTPUT

記述例

HTML

```
<button id="custom-btn">カスタムアラート</button>
```

JavaScript

```
document.querySelector('#custom-btn').addEventListener('click', () => {
  Swal.fire({
```

```
    title: 'HTMLサンプル',
    html: `
      <img class="alert-img" src="images/rabbit.jpg" alt="">
      <p>ここに自由にHTMLを書けます。</p>
      <p><strong>画像</strong>や<a href="#">リンク</a>もOK！</p>
    `,
    confirmButtonText: '閉じる'
  });
});
```

実装の注意点

多用しすぎないようにする

モーダルウィンドウはユーザーの操作を止める性質があるため、多用しすぎると使い勝手を損ねる原因になります。本当に必要なケースに絞り、ユーザー体験を考慮しながら導入しましょう。

アクセシビリティへの配慮

SweetAlert2はスクリーンリーダーにも対応していますが、過度に装飾的なHTMLを挿入したり、ボタンラベルが曖昧だったりすると、かえって使いにくくなる可能性があります。文言をわかりやすく設定し、画面リーダーでの読み上げを意識したコンテンツ設計をすると、より多くのユーザーにやさしいWebサイトになります。

グラフを作る「Chart.js」

［デモファイル］
C8-09-demo

Chart.jsは、HTMLの<canvas>要素を利用して、折れ線グラフや棒グラフ、円グラフなどのさまざまなグラフを簡単に描画できるライブラリーです。コード量が比較的少なく済むため、初心者でも短時間で動きや機能のあるグラフを作成できます。

Chart.js

https://www.chartjs.org/

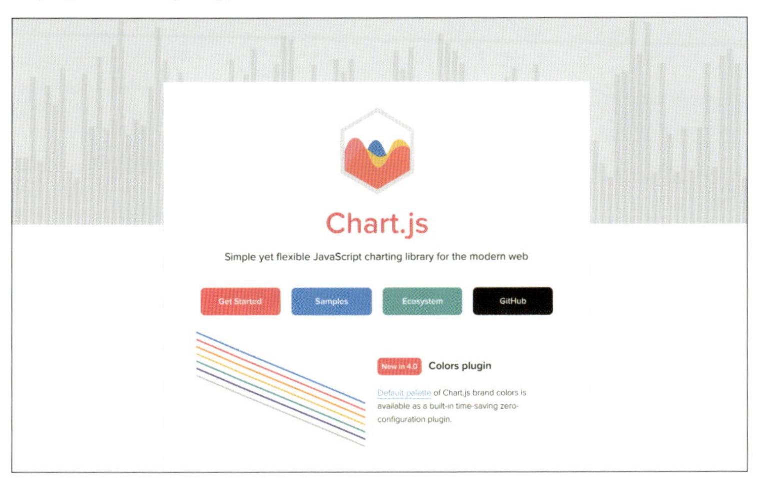

<canvas>要素とは？

<canvas>要素は画像や図形、文字などをピクセル単位で自在に描画できます。通常のHTML要素では難しい複雑なグラフィックスやアニメーションを扱えるのが特徴です。Chart.jsでは、このCanvasを用いて折れ線や棒グラフなどを効率よく生成し、なめらかな描画やアニメーションを実現しています。ユーザーの操作やデータの更新に応じてグラフを動的に変化させられるため、インタラクティブなデータの可視化にうってつけです。

Chart.jsの基本の使い方

Chart.jsを導入する際は、<head>内でライブラリーを読み込みます。

HTML

```
<script src="https://cdn.jsdelivr.net/npm/chart.js"></script>
```

次にHTML内に<canvas>を用意し、JavaScriptで「どの種類のチャートを描画するか」「どんなデータを表示するか」「軸やラベルのデザインはどうするか」などをオプションとして設定すればOKです。主な流れは、HTMLで<canvas id="myChart"></canvas>を配置し、JavaScriptでnew Chart(要素, 設定オブジェクト)を呼び出す、という構成になっています。

実装例：棒グラフ

基本的な棒グラフを描画するサンプルです。まずHTMLで<canvas>タグを配置し、JavaScriptでデータとオプションを設定してnew Chart()を呼び出します。type: 'bar'を指定するだけで棒グラフを設定できます。

OUTPUT

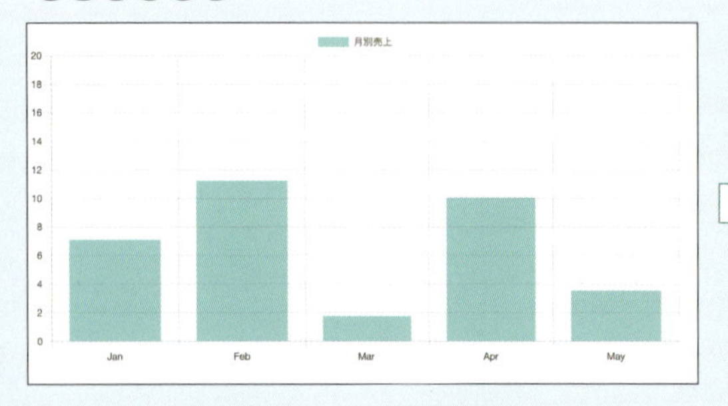

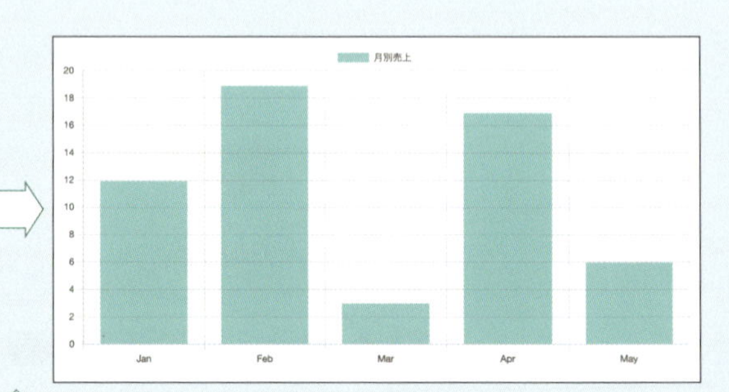

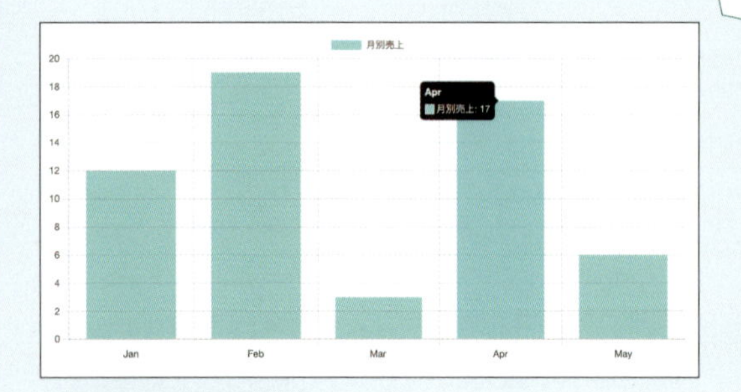

記述例

HTML

```
<canvas id="myBarChart"></canvas>
```

JavaScript

```
const ctx = document.getElementById('myBarChart');
const myBarChart = new Chart(ctx, {
  type: 'bar', // 棒グラフを指定
  data: {
    labels: ['Jan', 'Feb', 'Mar', 'Apr', 'May'],
```

```
    datasets: [{
      label: '月別売上',
      data: [12, 19, 3, 17, 6],
      backgroundColor: 'rgba(75, 192, 192, 0.6)'
    }]
  },
});
```

実装例：折れ線グラフ

時系列などの推移を視覚化したい場合は、JavaScriptでtype: 'line'を指定すると折れ線グラフが描けます。

OUTPUT

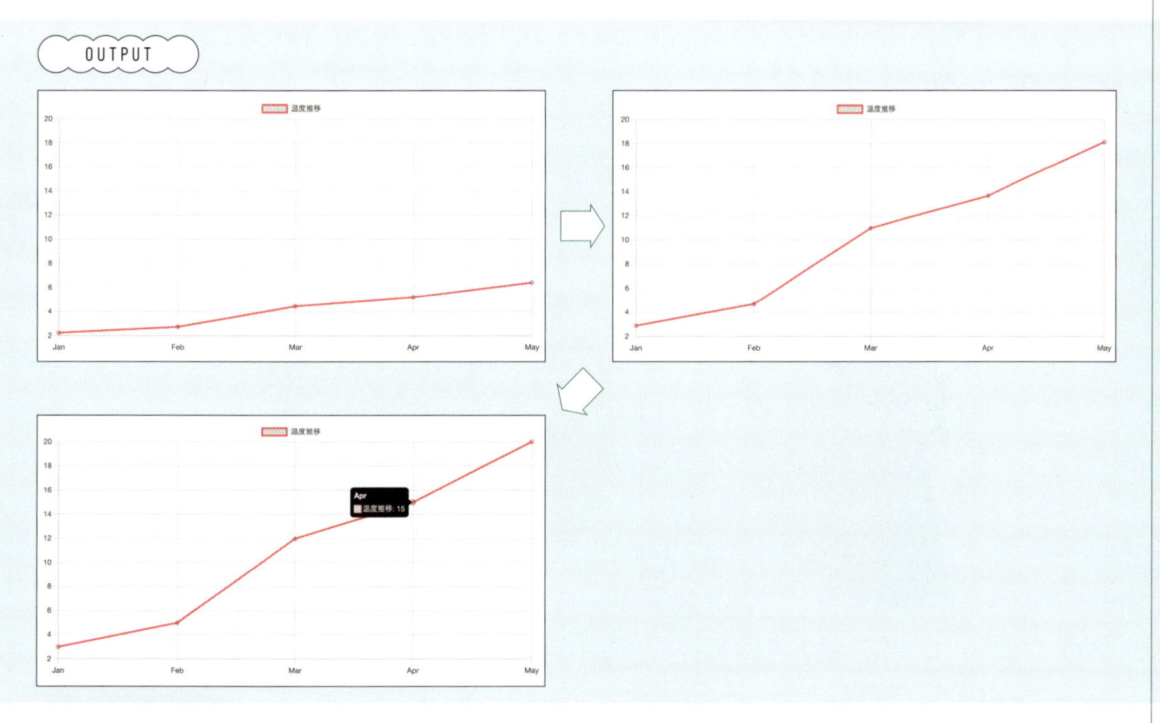

記述例

HTML

```html
<canvas id="myLineChart"></canvas>
```

JavaScript

```javascript
const ctxLine = document.getElementById('myLineChart');
const myLineChart = new Chart(ctxLine, {
  type: 'line',
```

```
  data: {
    labels: ['Jan', 'Feb', 'Mar', 'Apr', 'May'],
    datasets: [{
      label: '温度推移',
      data: [3, 5, 12, 15, 20],
      borderColor: 'rgba(255, 99, 132, 1)',
      fill: false
    }]
  },
});
```

実装例:円グラフ

円グラフ(パイチャートやドーナツチャート)は、全体の割合を視覚的に示す際に便利です。type: 'pie'やtype: 'doughnut'で実装できます。

OUTPUT

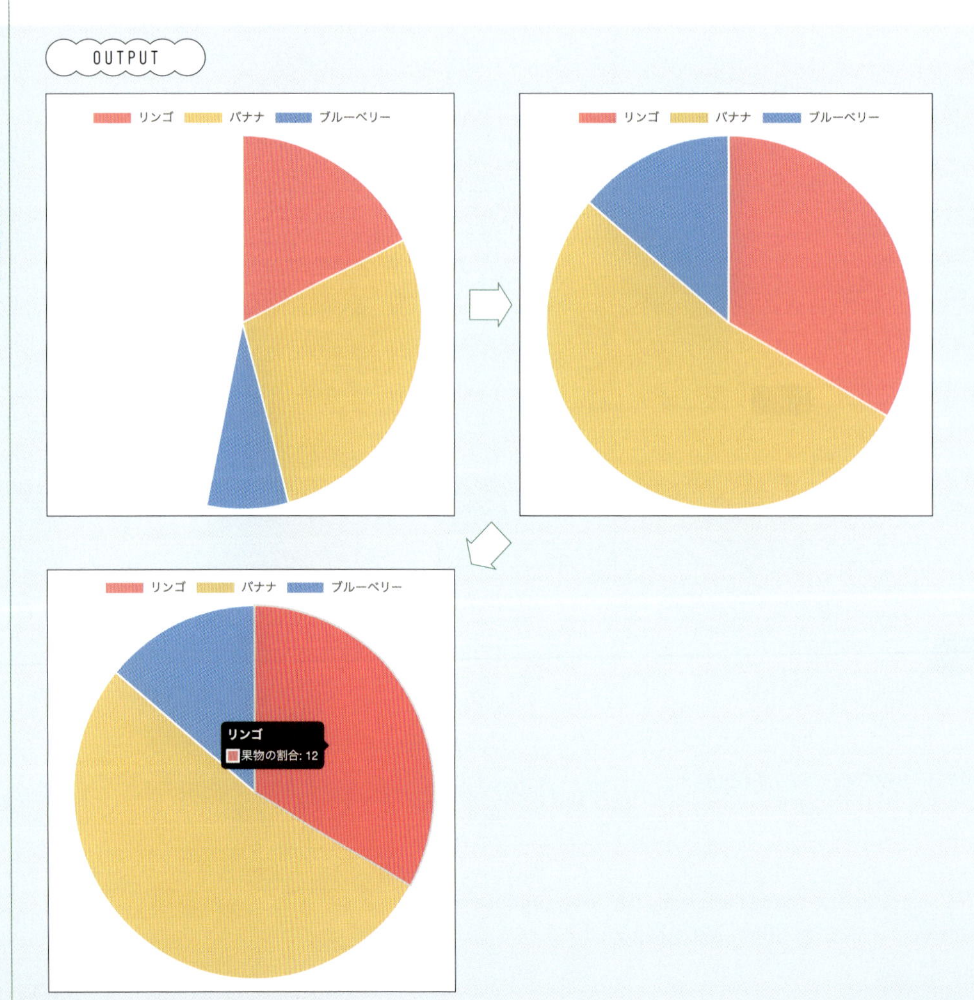

CHAPTER 8

HTML

```
<canvas id="myPieChart"></canvas>
```

JavaScript

```
const ctxPie = document.getElementById('myPieChart');
const myPieChart = new Chart(ctxPie, {
  type: 'pie',
  data: {
    labels: ['リンゴ', 'バナナ', 'ブルーベリー'],
    datasets: [{
      label: '果物の割合',
      data: [12, 19, 5],
      backgroundColor: [
        'rgba(255, 99, 132, 0.8)',
        'rgba(255, 206, 86, 0.8)',
        'rgba(54, 162, 235, 0.8)'
      ]
    }]
  },
});
```

実装の注意点

レスポンシブ対応

Chart.jsはデフォルトで<canvas>要素をレスポンシブに表示しますが、デバイス幅によってサイズを固定したい場合や細かく調整したい場合は、responsive: falseやCSSを使って調整しましょう。小さすぎる画面ではラベルが重なる可能性があります。

大量データとパフォーマンス

グラフで大量のデータポイントを描画すると、ブラウザーが重くなったり表示が遅くなったりする場合があります。必要以上に細かいデータを詰め込みすぎないなど、パフォーマンスへの配慮が大切です。

3Dアニメーションの背景「Vanta.js」

［デモファイル］
C8-10-demo

Vanta.jsは、Webサイトの背景に3Dアニメーションを適用するためのJavaScriptライブラリーです。粒子や波形、ネット状の模様など、多彩なビジュアルを簡単に生成できるのが特徴です。特別な3Dグラフィックスの知識がなくても、ライブラリーのコードを数行書くだけでインタラクティブな背景を表現できます。

Vanta.js

https://www.vantajs.com/

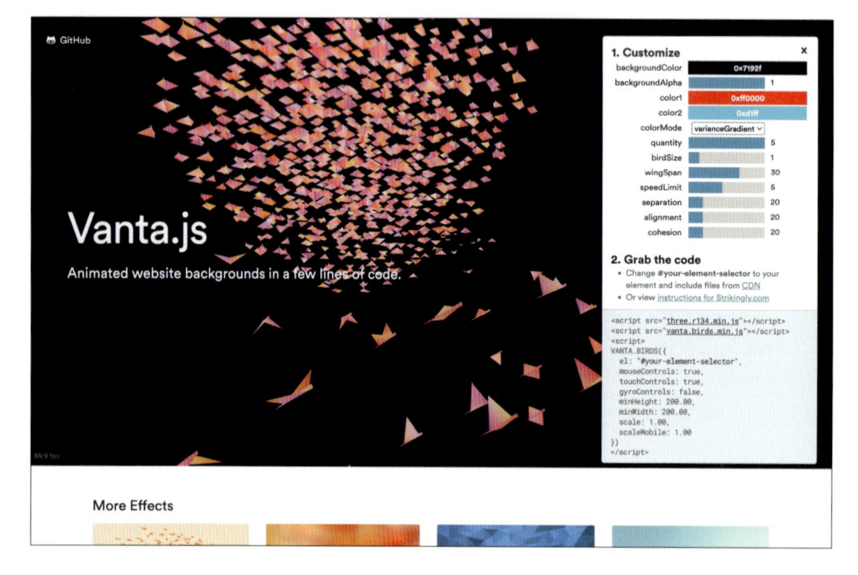

Vanta.jsの基本の使い方

Vanta.jsを利用するには、公式サイトやCDNで公開されているスクリプトファイルを読み込み、呼び出したいエフェクトを指定して初期化します。

記述例

HTML

```
<!-- 例: Three.jsとBirdsエフェクトのファイル読み込み -->
<script src="https://cdnjs.cloudflare.com/ajax/libs/three.js/r134/three.min.js"></
script>
<script src="https://cdn.jsdelivr.net/npm/vanta@latest/dist/vanta.birds.min.js"></
script>
```

VANTA.WAVESやVANTA.NETなど、複数のエフェクトが用意されており、好みの背景を選択可能です。使用するHTML要素にIDやクラスを割り当て、JavaScript側でel（対象となる要素を表す指定）に紐づけるだけで背景が動き始めます。

Three.jsとは？

Three.jsは、ブラウザー上で3DモデルやアニメーションをJavaScriptライブラリーです。WebGL（ブラウザーで3Dグラフィックスを描画する仕組み）をより使いやすい形にまとめているため、初心者でも比較的簡単に3D表現を導入できます。Vanta.jsでは、このThree.jsが内部で利用されており、波状やネット状の背景などを、奥行きある動きで描画するための土台として機能しています。

Three.js

https://threejs.org/

実装例：鳥の背景（Birdsエフェクト）

birdsBgというIDのdivに、鳥の群れが羽ばたいているようなアニメーションを描画します。Vanta.jsではエフェクトごとに読み込むJavaScriptファイルが分かれているため、Birdsエフェクトの場合は必ず「vanta.birds.min.js」というファイルも合わせて読み込ませましょう。

OUTPUT

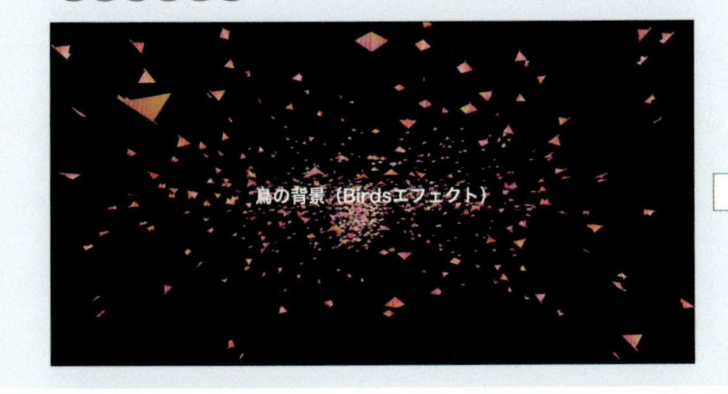

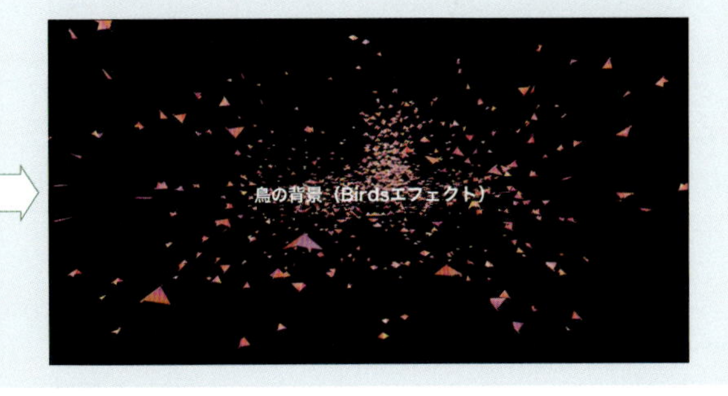

記述例

HTML　head内など

```
<script src="https://cdnjs.cloudflare.com/ajax/libs/three.js/r134/three.min.js"></
script>
<script src="https://cdn.jsdelivr.net/npm/vanta@latest/dist/vanta.birds.min.js"></
script>
```

HTML body内

```
<div id="birdsBg">
  <h2>鳥の背景(Birdsエフェクト)</h2>
</div>
```

JavaScript

```
VANTA.BIRDS({
  el: "#birdsBg"
});
```

実装例:波の背景(Wavesエフェクト)

wavesBgという要素の中に動く波状のアニメーションを表示します。色や波の高さなどをオプションで調整できます。

OUTPUT

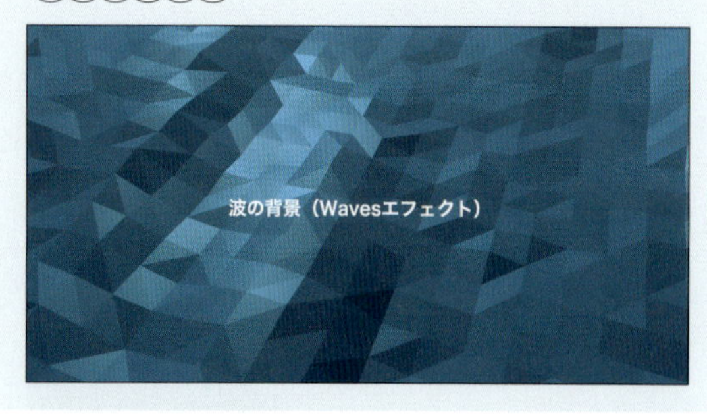

記述例

HTML head内など

```
<script src="https://cdnjs.cloudflare.com/ajax/libs/three.js/r134/three.min.js"></
script>
<script src="https://cdn.jsdelivr.net/npm/vanta@latest/dist/vanta.waves.min.js"></
script>
```

HTML body内

```
<div id="wavesBg">
  <h2>波の背景(Wavesエフェクト)</h2>
</div>
```

JavaScript

```
VANTA.WAVES({
```

```
  el: "#wavesBg",
  color: 0x005577, // 波の色(16進数の色指定: #057)
  shininess: 50, // 光沢の強さ
  waveHeight: 25, // 波の高さ
  waveSpeed: 0.5 // 波の速さ
});
```

実装例:ネット状の背景(Netエフェクト)

インターネットを表すような連続模様を背景に表示する例です。節と線がつながって奥行き感ある表現が可能です。なんだか近未来を感じさせるエフェクトですね。

OUTPUT

記述例

HTML head内など

```
<script src="https://cdnjs.cloudflare.com/ajax/libs/three.js/r134/three.min.js"></
script>
<script src="https://cdn.jsdelivr.net/npm/vanta@latest/dist/vanta.net.min.js"></
script>
```

HTML body内

```
<div id="netBg">
  <h2>ネット状の背景(Netエフェクト)</h2>
</div>
```

JavaScript

```
VANTA.NET({
  el: "#netBg",
  color: 0xff6600,
  backgroundColor: 0x0f0f0f,
  maxDistance: 20, // 点と点の間隔
```

```
  spacing: 15 // 点の数を決める目安
});
```

ほかのエフェクトも

Vanta.jsでは、上記で紹介した以外に数多くのエフェクトが用意されています。画面右側に表示されるカスタマイズパネルから簡単に調整、プレビュー可能ですし、生成したコードを貼りつけるだけで実装できるので、ぜひ試してみてください。

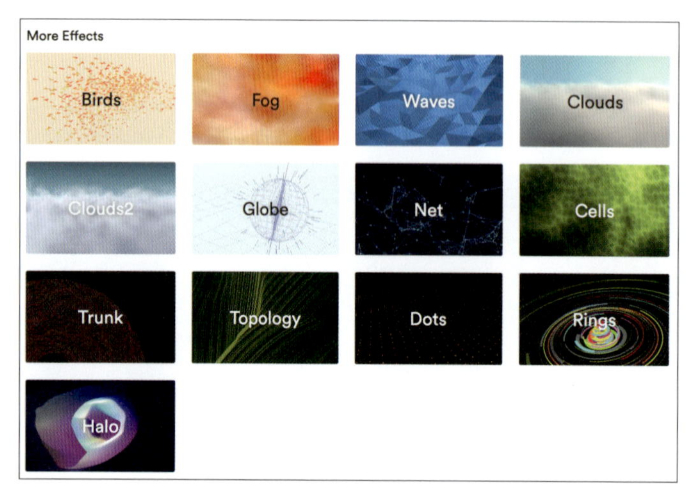

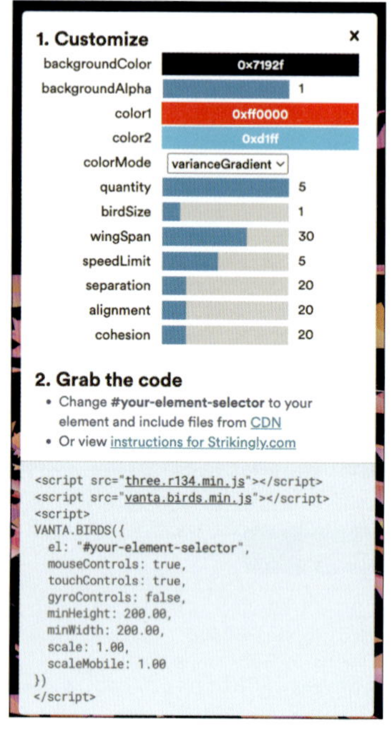

[More Effects]（上）にほかのエフェクトも用意されています。クリックするとカスタマイズパネル（右）が表示されるので、色やサイズ、スピードなどをカスタマイズして、[2. Grab the code]に生成されたコードを使って実装しましょう

実装の注意点

パフォーマンスへの影響

背景で3D描画を動かすため、ブラウザーやデバイスによっては動作が重くなる可能性があります。画面全体にVanta.jsを適用する場合は、特にスマートフォンの処理速度を考慮し、heightやspeedなどの設定をやや控えめにするのがおすすめです。

スタイルの優先順位

Vanta.jsが背景を描画する要素がほかの要素と重なっていると、予期せぬ表示崩れが起きる可能性があります。z-indexやpositionの設定、スクロール範囲との兼ね合いなどに注意し、必要なら追加のスタイリングを行ってください。

ライブラリーとフレームワーク

ライブラリーと似た言葉にフレームワークがあります。フレームワークとは、ある程度の設計や構成があらかじめ整えられた「開発の土台」となるソフトウェアや仕組みのことです。一般的に、画面の表示やデータの扱い方、ファイル構成などを一括して管理してくれます。そのため、フレームワークを使えば新しいプロジェクトをイチから構築する手間が大幅に減り、決まったルールやガイドラインに沿うことで、チーム開発でもコードの統一感を保ちやすくなります。

ライブラリーとフレームワークの違い

導入規模と構造

ライブラリーは、特定の機能や処理をまとめた便利なパッケージで、必要な部分を選んで使います。例えば、DOM（ドキュメントオブジェクトモデル）操作やアニメーションなど単機能に特化したものが多いです。対してフレームワークは、アプリケーション全体の骨組みを提供するので、構造や流れがあらかじめ決まっています。開発者はその枠組み内でコードを書き足していく形になります。

呼び出し元の違い

ライブラリーは、開発者のコードがライブラリーを「呼び出して」利用します。これにより、一部の機能を補強したり拡張したりすることが目的です。フレームワークの場合は、フレームワークのコードが開発者のコードを呼び出し（フレームワークにコードが組み込まれる）、プロジェクト全体をコントロールします。

学習コストの違い

ライブラリーは単機能のものが多いため、基本的な使い方を覚えれば比較的簡単に導入できます。フレームワークは、提供される仕組みやルールを把握する必要があるため、全体を理解するまでの学習コストがやや高めです。しかし、一度習得すれば大規模開発でも効率よく進められるメリットがあります。

主なフレームワーク

フレームワーク名		説明
	React （リアクト）	Meta（旧Facebook）が開発しているUI構築用のJavaScriptライブラリー（実際はフレームワーク的に使われる場合も多い）。コンポーネント指向という考え方で画面をパーツごとに管理でき、効率的に大規模なアプリを作ることができる
	Vue.js （ヴュージェイエス）	軽量かつシンプルな記法で学習しやすく、初心者にも取り組みやすいフレームワーク。コンポーネントベースの開発スタイルを採用し、柔軟にプロジェクトへ導入できるのが特徴
	Angular （アンギュラー）	Googleが開発するフレームワークで、TypeScriptが必須という点が特徴的。学習コストはやや高めとなるが、大規模な企業システムや複雑なWebアプリケーションでもスケーラブルに対応しやすいといわれている
	Svelte （スヴェルト）	コンパイル時に不要な部分を取り除き、軽量なコードを生成するフレームワーク。ほかのフレームワークに比べてファイルの総容量を抑えられるというメリットがある
	Next.js （ネクストジェーエス）	Reactをベースにしたフレームワークで、サーバーサイドレンダリング（SSR）や静的サイト生成（SSG）を簡単に導入できる点が魅力

フレームワーク名		説明
	Nuxt.js （ナクスト ジェーエス）	Vue.jsをベースにしたフレームワーク。Vue.jsの開発スタイルを保持しつつ、SSR（サーバーサイドレンダリング）やルーティングなどの機能がすぐに使えるようになっている

ライブラリーとフレームワークは、開発を効率化するためのアプローチが異なります。単独の機能強化が目的ならライブラリー、大規模アプリケーションを見据えた全体構成が必要な場合はフレームワークと、場面に合わせて使い分けるとよいでしょう。

jQueryとは

jQueryは、JavaScriptをよりシンプルかつ扱いやすくするために開発された軽量なライブラリーです。セレクターをはじめとする多様なメソッドが用意されており、DOMの操作やイベント処理、アニメーションなどを少ないコードで実現できます。公式サイトからCDNを利用して読み込んだり、ファイルをダウンロードして利用したりと、導入も比較的容易です。

jQuery

https://jquery.com/

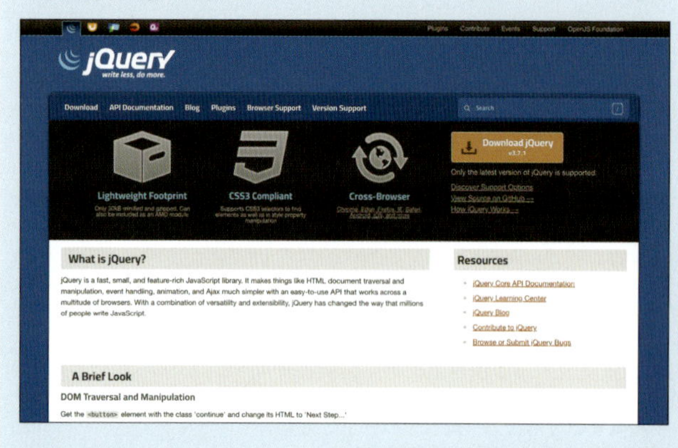

jQueryはもう古い？

ただ、「jQueryはもう古い」といった意見を耳にすることがあるかもしれません。そういわれる理由の1つは、モダンブラウザーが進化してネイティブのJavaScript（Vanilla JS）や最新の機能を使うだけで、かつてはjQueryが必要だった動作がほとんど実現できるようになった点が大きいです。また、ReactやVue.js、Angularといったフレームワークが主流となり、単純なDOM操作以上の複雑なアプリケーションを構築する機会が増えています。

しかし、jQueryは依然として多くのWebサイトで利用されており、特に小規模プロジェクトや既存のプロジェクトを維持管理する場面ではまだまだ現役で活躍しています。ブラウザー互換性や実装の手軽さを重要視する場合には有効な選択肢となるため、「古い＝使えない」わけではありません。

逆に大規模で複雑なシングルページアプリケーション（SPA）などを構築する場合は、ReactやVue.jsなど別の選択肢も検討するとよいでしょう。

jQueryは、多くの開発者に愛用されてきた実績あるライブラリーです。今ではあえて導入するかどうか迷う場面もありますが、手軽さやブラウザー対応力などの利点があるため、適切な場面で使えば十分なメリットが得られます。

索引

あ行

か行

さ行

た行

な行

は行

ま行

や行

ら行

著者プロフィール・スタッフリスト

Mana（Webクリエイターボックス）

日本でグラフィックデザイナーとして働いた後、カナダにあるWebサイト制作の学校を卒業。カナダやオーストラリア、イギリスの企業でWebデザイナーとして働いた。2010年からブログ「Webクリエイターボックス」を運営している。Webサイト制作のインストラクターとしても教育にも携わっている。『1冊ですべて身につくJavaScript入門講座（SBクリエイティブ）』で「ITエンジニア本大賞2024」大賞・特別賞をW受賞。

Webサイト

[Mana's Portfolio Website](https://webcreatormana.com/)
[Web クリエイターボックス](https://webcreatorbox.com/)

受賞歴

アルファブロガー・アワード2010
『1冊ですべて身につくHTML & CSSとWebデザイン入門講座』CPU大賞2019年度書籍部門大賞
『ほんの一手間で劇的に変わるHTML & CSSとWebデザイン実践講座』CPU大賞2021年度書籍部門大賞
『1冊ですべて身につくJavaScript 入門講座』ITエンジニア本大賞2024大賞・特別賞

著書

1冊ですべて身につくHTML & CSSとWebデザイン入門講座（SBクリエイティブ）
ほんの一手間で劇的に変わるHTML & CSSとWebデザイン実践講座（SBクリエイティブ）
1冊ですべて身につくWordPress入門講座（SBクリエイティブ）
1冊ですべて身につくJavaScript入門講座（SBクリエイティブ）
1冊ですべて身につくWeb &グラフィックデザイン入門講座（SBクリエイティブ）

SNS

X（Webクリエイターボックス）https://x.com/webcreatorbox
X（個人用）https://x.com/chibimana
Facebook（Webクリエイターボックス）
https://www.facebook.com/webcreatorbox.fb

画像素材

Unsplash　https://unsplash.com/ja

STAFF

ブックデザイン	木村由紀（MdN Design）
カバーイラスト	こんどうみさこ
DTP・編集協力・校正	株式会社トップスタジオ
デザイン制作室	今津幸弘
デスク	渡辺彩子
副編集長	田淵 豪
編集長	柳沼俊宏

■商品に関する問い合わせ先
このたびは弊社商品をご購入いただきありがとうございます。本書の内容などに関するお問い合わせは、下記のURLまたは二次元バーコードにある問い合わせフォームからお送りください。

https://book.impress.co.jp/info/

上記フォームがご利用いただけない場合のメールでの問い合わせ先
info@impress.co.jp
※お問い合わせの際は、書名、ISBN、お名前、お電話番号、メールアドレス に加えて、「該当するページ」と「具体的なご質問内容」「お使いの動作環境」を必ずご明記ください。なお、本書の範囲を超えるご質問にはお答えできないのでご了承ください。

- 電話やFAXでのご質問には対応しておりません。また、封書でのお問い合わせは回答までに日数をいただく場合があります。あらかじめご了承ください。
- インプレスブックスの本書情報ページ　https://book.impress.co.jp/books/1123101113 では、本書のサポート情報や正誤表・訂正情報などを提供しています。あわせてご確認ください。
- 本書の奥付に記載されている初版発行日から3年が経過した場合、もしくは本書で紹介している製品やサービスについて提供会社によるサポートが終了した場合はご質問にお答えできない場合があります。

■落丁・乱丁本などの問い合わせ先
FAX　03-6837-5023
service@impress.co.jp
※古書店で購入された商品はお取り替えできません。

CSSとJavaScripで作る動くUIアイデアレシピ

2025年4月11日　初版発行

著者　Mana
発行人　高橋隆志
編集人　藤井貴志
発行所　株式会社インプレス
〒101-0051 東京都千代田区神田神保町一丁目105番地
ホームページ　https://book.impress.co.jp/

印刷所　株式会社 暁印刷

ISBN978-4-295-02128-5 C3055
Printed in Japan